PUHUA BOOK

我们一起解决问题

反向思考

改变人生的56个颠覆性认知

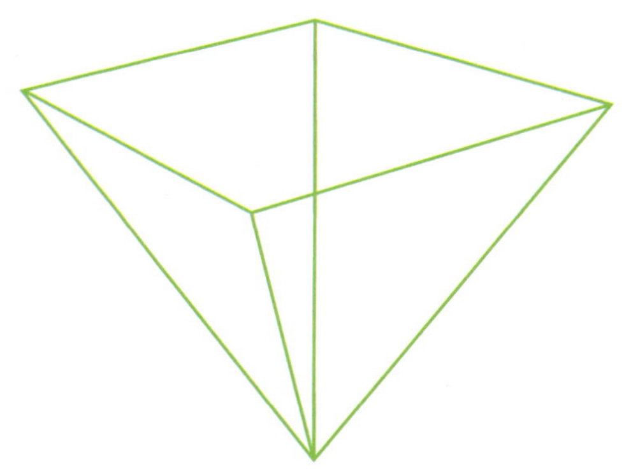

[英]迈克尔·赫佩尔（Michael Heppell）著　董元元 译

人民邮电出版社
北　京

图书在版编目（CIP）数据

反向思考 ：改变人生的56个颠覆性认知 / （英）迈克尔·赫佩尔（Michael Heppell）著 ；董元元译．北京 ：人民邮电出版社，2024. -- ISBN 978-7-115-65492-2

Ⅰ．B821-49

中国国家版本馆CIP数据核字第2024RZ7823号

内容提要

面对令人沮丧的状况，你是习惯问“为什么”还是“怎么办”？面对需要解释的不利局面，你是习惯找借口还是说真话？普普通通的一天，你是等待快乐的时机出现，还是选择主动创造快乐的心态？

本书是英国家喻户晓的企业家、畅销书作家迈克尔·赫佩尔的经典作品，详细讲述了作者在过往的人生经历中一直实践并助他成功的“反向思考”理念，帮助读者从自信、关系、健康、财富、成功、工作、创造力、“糟糕的一天”等11个角度学习如何随时转换思考模式，重整身边秩序，在任何境况下都能保持最佳状态，甚至发现新的机遇。

本书适合纠结于工作生活中各种难题、想要改变现状却毫无头绪的读者阅读。

◆ 著 ［英］迈克尔·赫佩尔（Michael Heppell）
译 董元元
责任编辑 姜 珊
责任印制 彭志环

◆人民邮电出版社出版发行 北京市丰台区成寿寺路11号
邮编 100164 电子邮件 315@ptpress.com.cn
网址 https://www.ptpress.com.cn
廊坊市印艺阁数字科技有限公司印刷

◆开本：880×1230 1/32
印张：7.5 2025年1月第1版
字数：150千字 2025年9月河北第3次印刷

著作权合同登记号 图字：01-2013-2644号

定 价：59.80元

读者服务热线：（010）81055656 印装质量热线：（010）81055316

反盗版热线：（010）81055315

序

过去这么多年，我一直在研究如何让每个人都活出自己的最佳状态。伴随着“反向思考”的理念的诞生，我想我已找到了拥有理想人生的秘诀，并将它全部倾注于笔下。生活的真谛很简单，却充满震撼力。

这本书也许是我们读过的最浅显易懂的书。无论我们每个人在背景、时间、境遇上有多少差异，我们都可以在这里找到适合自己的理念、技巧和方法。无数成功案例已经证明，人人都可以通过“反向思考”所提倡的方法，让工作、生活从容不迫。

“反向思考”这个理念为读者提供了简单有效的思维与行动模式。如果我们能在生活中恰当使用它，它将带给我们更高层次的成就、自信心、创造力和幸福感。也就是说，“反向思考”可以让一切变得更好。我可以大胆断言：

阅读此书，你更能把控自己的人生步调。

转换思维

本书共分 11 章，围绕生活的不同领域讲解“反向思考”技巧的知识与应用，比如工作、健康、家庭、成功等方面。读者切忌只读那些你特别关心的章节而忽略其他部分，因为每章都会让你有所收获。如果你习惯于根据目录标题来进行选择性阅读，那么你恐怕也会为此错过很多精彩内容。所以，让我们现在就开始学习“反向思考”的第一步——“转换思维”，换一种角度来观察周围的一切，你会发现一个不一样的世界。

想要改变，就趁现在！

本书提供了丰富的实践技巧。如果你在阅读过程中发现自己头脑中不断闪现“我从来不这样说”或“从来不这样做”，那么请立即练习“反向思考”，甩掉旧的思维方式，换个角度问自己：“在现实生活中，我应当如何应用这些技巧？”只要时刻准备好反向思考，你就会在每一页的阅读中有所领悟。

阅读本书，可以不必依照章节次序进行。相信读者很快就可以找到充分利用各章内容的方法。下一个步骤是从“课本”到“实践”。如果你已经深刻理解“反向思考”的技巧，这很好；但是只有将其付诸实践，你才会真正受益。

秘诀不在“课本”里，而在“实践”中。

因此，请马上行动起来！每学会一个技巧，就要立即在生活中体验它，行动会给人带来心灵的变化。不久，你就会为自身与周遭发生的变化而感到惊奇，你本人也会更加善于抛下负能量、获得生活的最佳状态。

如果你时常会为那些不曾尝试的事而感到遗憾的话，那么现在就去做吧。

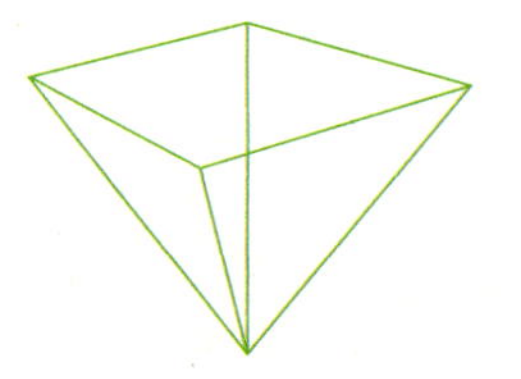

目 录

第 1 章　人生需要“反向思考”

你想拥有清爽、畅快的人生吗？

第 2 章　反向思考让你更自信和快乐

快把无谓的担忧甩开，立刻！马上！

第 3 章　反向思考让你的关系更健康

快把人际关系中的“破烂儿”扔掉，立刻！马上！

第 4 章　反向思考让你的身心更健康

快把不健康的生活方式戒掉，立刻！马上！

第 5 章 反向思考赢得财富

快放弃“贪求”与无益的理财观，立刻！马上！

第 6 章 反向思考的人先享受成功

快将挡在机遇面前那“一叶障目”的理念从脑中拔除，立刻！马上！

第 7 章　反向思考打开创意之门

快去转化旧有的思维定式，立刻！马上！

第 8 章　工作中的反向思考

快扔掉“为了工作而工作”的沉重想法，立刻！马上！

第 9 章 反向思考创造更好的未来

快将“胆小”“保守”“怀疑”从身体中滤出，立刻！马上！

第 10 章 反向思考者：每一天都是好的

快把“注定一天都不顺”的程序删除，立刻！马上！

第 11 章　那些有关反向思考的小事

快让“反向思考”理念融入你生活的每个角落，重获自由！

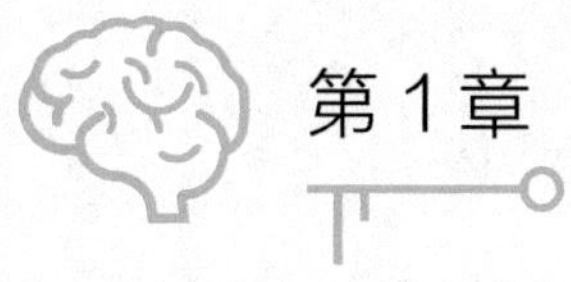

第 1 章

人生需要“反向思考”

你想拥有清爽、畅快的人生吗?

这张图意味着什么

看到下面这幅图时，你会有怎样的想法。

看到天空中的云，有人联想到会阴天下雨；有人却觉得晴空中有云朵点缀，刚刚好；还有人认为这是雨过天晴后的天空，不久就会有阳光明媚、白云朵朵的好天气。此外，有一群超级“乐天派”，他们会直接忽略画面上的云彩，只看到耀眼的太阳。

你属于哪种类型

现在，我想问各位读者：你在这图中看见了什么？在思考的过程中，请相信并牢记我们的终极目标——丢弃不需要、不舒服、无益、负面的语言和行为，重整身边秩序，帮助自己在任何境遇中都达到最佳状态。

有人经常纠结于生活中的各种难题，感觉苦不堪言，因此常常想要改变；有人天生乐观，笑口常开，并且想让生活更加快乐。无论你属于哪一种类型，本书都会给你提供各种建议、方法与步骤。请积极调动你的头脑与行动力，让自己变得更加机智灵活，最终拥有优化生活的智慧。

本书首先向你展示“反向思考”的基本技能。随着学习的深入，我们再逐步提高难度，接触更复杂的技巧。

认知 1

丢掉令人丧气、抱怨的负面反问“WHY”，转向用“HOW”调动大脑

“反向思考”中有一件万能武器，那就是“睿智提问的力量”。恰当的问题往往可以逆转劣势。但关键是——我们到底应该问哪些问题？

“为什么”和“如何”：找原因不如找方法

“为什么”这个词经常和负面情绪联系在一起——“为什么发生在我身上？”“为什么要现在发生？”“为什么应该由我来做这些？”相反，“如何”却通常与解决问题相关——“我应该如何去做？”“如何改善现状？”“我们应当如何解决问题？”

下面是一个“为什么”与“如何”对抗的经典实例。

你很忙。距离一个重要会议仅剩几分钟时间，但是你却在赶赴会场的途中迷路了。你惶恐不安，头脑中不停闪现各种“为什么”——“为什么我总是迷路？”“为什么这种情况总发生在我身上？”“为什么偏偏在今天迷路呢？”“为什么”问得多了，你那聪明的大脑就会陷入沮丧、恐慌以及于事无补的怪圈。

现在，请试着问自己“如何”——“我是如何迷路的？”“我如何能在最短时间内到达会场？”“应该如何更好地与客户沟通，向他们说明我现在的处境？”“我如何保持冷静？”

注意，用“如何”提问时，我们并不是要去说那些听起来积极却虚弱无力的废话；也不是要去说一些安慰自己的话，比如，“相信一切都会好起来的！”或者“我迷路了，这也许是天意，我应当顺其自然。”绝对不是！当你需要快速、理性地做出决定并采取行动时，问自己“如何、怎样”就是一种强大的思考方式。

我为什么如此焦虑

有多少人真正思考过这个经典问题？当事情发生时，我们只会一味地问“为什么”——这通常就是焦虑的源头。问“为什么”不能帮你减少焦虑，反而会剥夺你的能量——“我为什么不能如此？”“为什么人们要这么做？”“为什么受伤的总是我？”

现在，请丢弃“为什么”，从此改问“如何”——

“我应如何做这件事？”

“如何改变人们的想法？”

“如何让类似的事情不再发生？”

“如何”式的提问可以立即让你感到情绪有所好转。是不是觉得这一切都很神奇？那么，欢迎你来到“反向思考”的奇妙世界。

反向思考的智慧

用一些“面部表情心理学”，可以让提问的效果更好。如果可以的话，我们在问“如何”的时候，试着微笑、扬起眉毛。这样，问题会变得强烈而迫切，大脑也会更快地想出办法。

大脑的潜能

人类的大脑是如此精妙，它拥有 1000 多亿个神经元，能处理数万亿条的信息，但是其中大部分神经元都处于闲置状态。所以，我们何不让大脑忙碌起来，给自己注入一些新想法呢?

遇到困难时，不要认定大势已去，只能全盘接受；相反，我们应向自己提问，这会有效地打破你原有的思考模式。以下实例可以教我们在某些状况下如何进行自问，从而扭转局面。

我没时间	→	我如何才能挤出时间?
真无聊	→	我如何才能把它变得有趣一些?
我不知道	→	在我认识的人里面，谁可能会知道答案?
太贵了	→	我如何才能买得起?

这样运用我们的头脑，可以帮我们冲破大脑原有的蛛网链接，充分调动闲置的神经元，从而让我们更加自如地发挥大脑的智慧。

认知 2 丢掉借口，真话让人解脱

找借口，会让你行事缓慢，创意受限，甚至摧毁他人对你的信任。

我们在小时候也许就发现，如果我们因为不想做某事而编造借口，最后往往可以得偿所愿。5 岁的孩子这样做没什么问题。然而，很多成年人至今仍然在用五花八门的理由，来解释自己为什么“没有”“不能”“不愿”完成某项工作，或者利用千奇百怪的借口让自己半途而废，把事情一拖再拖，甚至说服自己无须完成。

为什么我们不停地找借口？为了寻找答案，现在需要我们倒推几步。

我们必须硬着头皮面对事实：借口实际上就是谎言。“我今天不能着手这项工作，因为我手头有太多的事情要忙。”

这句话的潜台词大致是：“哎呀！我有这么重要的事情要做，却花了半天时间在那里无所事事。快点儿，编个借口，而且听起来必须非常合理。我知道，我需要说我一直很忙。不，必须更有说服力才行。我得向对方暗示我确实忙得不可开交。这可能还会博得一些同情。”

如果你在找借口时不曾进行这么复杂的思索过程，那么这恐怕已成为你根深蒂固、不由自主的行为方式了，你甚至可以瞬间找到精彩绝伦的理由，然后信口开河。真是了不起呀！

如果这种行为方式已经“根深蒂固”，是否还能改变呢？当然能。但是此时需要你先丢弃“找借口”的糟糕习惯。这是你面临的第一大挑战。下次再想找借口时，请你颠覆原来的做法，说出事实真相。

这里有一些小事例，供你参考。

妻子嘱咐丈夫买一些东西，但是他忘记了。如果妻子问起，他很可能会说：“我转遍了整家商店也没看到你要的东西，一定是卖完了。”

但是，他其实可以不找任何借口，选择实话实说：“天啊！我把这事儿忘得一干二净，我现在就去买！”

另一个例子如下。

“什么？你没收到我的邮件？网络系统一直有些问题，我的邮件可能被拦截了。”

如果丢弃借口，他可以说：“非常抱歉，邮件尚未发出。请您再给我 1 小时时间，好吗？”

大家看，讲出真相更好，对吧？“编造蹩脚借口”与“坦诚说出真相”，二者相比，不知你感觉如何，反正我始终更欣赏后者。

两条警告：

- 慎重起见。不要为了说出真相而失去工作、伴侣、朋友和家人。
- 循序渐进地挑战自我。试着每次都在自己习惯的程度上再稍微向前推进一步，讲出更多真相。

为什么要费尽周折丢弃各种借口

改掉找借口的坏习惯，你会变得更加自由且一身轻松，在很多事上，无须为自己的行为（或“不作为”）进行辩解。大家会看到一个全新的你，他们与你的互动也会变得更为正面、积极。

想要不找借口，请在一开始就遏制编造借口的行为。

请认真思考上面这句话。

我曾经为一位非常古怪的老板工作。为了不惹她生气，我总会想出各种理由搪塞，不跟她讲实际情况，结果却是经常把自己弄得焦头烂额。有一天，当我又在她面前支支吾吾时，她盯着我的眼睛对我说：“讲真话，这可以让你解脱。”

在接下来的几分钟里，这句话一直在我脑海中萦绕。于是，我深吸一口气，对她说出了真相。过去不曾有人跟她反映那些因她而生的困难和问题，也没人告诉她这些问题会给员工带来多少麻烦。我把一切和盘托出。一开始她很难接受，气氛异常紧张；但后来她渐渐平和下来，最终对我表示感谢。

反向思考的智慧：讲真话，可以让你获得解脱。

认知
3

丢掉对自我的过分关注，多向他人提问成为有趣的人

你是否想成为一个“有趣的人”？差不多所有人都有过这种念头。传统观念认为，如果你想变得有趣，你需要博览群书、聪明伶俐、善于表达、有魅力且有智慧。等一下，在你认同这种说法之前，请先读读下面这则故事。

一位年轻的心理学家，在为期 1 个月的假期里，每天都乘坐飞机往返于纽约和洛杉矶之间，他总是坐在三人一排的中间位置。

航班起飞后，他会选择旁边的一位乘客进行交谈。他没想过让自己变得有趣；相反，他尽力让自己对旁边乘客所说的话感兴趣。他会问一些高质量的问题，然后让对方尽情表达。

每次下飞机前，他都会询问对方的个人信息，希望与他们保持联络。一星期后，研究人员会联系那些同这位心理学家交谈过的乘客。结果发现，尽管没人能够记起心理学家的婚姻、工作、家乡、居住的城市等信息（当然，他根本就没有透露过

这些信息），但是每个人都记得他，并表示很喜欢他。这项调查最有趣的发现是超过七成的受访者认为这位心理学家是他们所认识的人中“最有趣的人”！

反向思考的智慧

想变成“有趣的人”，并非不停地表现自己，让别人对你感兴趣；而是应当关注他人，提升自己对他人的兴趣。

在“对他人感兴趣”和“使别人对自己感兴趣”之间取得平衡

提升对他人的兴趣，并不意味着永远剥夺你讲故事的权利，你可以给大家描述穆丽尔姨婆[①]险些炸掉整座村庄的场景，也可以说说你是如何在千钧一发之际力挽狂澜的。你只要向对方提问，就可以把自己打造成有趣的人。

让别人记住你的 10 个有趣问题

以下 10 个问题和描述可以有效展现你对他人的关注，下次遇到别人时，要记得说。

1. 你是怎么做到的？
2. 你为什么这样选择？
3. 你在哪里学的高招？
4. 像我这样的人，如何参与这项活动？
5. 能举个例子吗？
6. 后来怎么样？再多告诉我一些信息。
7. 你还会那样做吗？如果再有一次机会，你会选择和从前不一样的方法吗？
8. 接下来怎么办？
9. 真的？哇，太棒了！
10. 最后这句不是你要说的话。你只需保持沉默和微笑，并且时不时地点头。你会惊讶地发现，对方在这种肢体语言的提示下竟然会变得滔滔不绝。

① 《哈利·波特》系列小说中的人物，罗恩的姨婆。——译者注

认知 4

丢掉对人或事的成见，学会换位思考

我们已经了解到“反向思考”的基本理念和行动方式了，现在让我们稍微升级，向大家介绍一个新概念——“模式转换”。[①]“模式转换”也可以被描述为对基本假设的改变。我们都经历过这种变化。我想让读者做的是，使用“反向思考”方法，并且有意识地丢弃对人或事的固有看法而进行反向思考。

以下是我经历的一次印象深刻的“模式转换”，以及我的领悟。

1995 年，我去华盛顿参加会议。由于旅行计划的安排，我提前一天抵达。当晚，我在宾馆附近散步，走着走着，来到一家电影院门前，于是便随意地选了一场快要开演的电影

① 模式转换（paradigm shift），又称“思维转换”，美国哲学家库恩首次在他的论著《科学革命的结构》中提出。库恩在书中阐释，每一项科学研究的重大突破，几乎都是先打破传统，打破旧思维，而后才成功的。“Paradigm”有时也译作“范式”。——译者注

看。工作人员告诉我，这片子不长，片名是《黑街追缉令》（Clockers），马上开演。

于是我小心地走进已经熄灯的 2 号影厅，找了个位子坐下，开始观看影片。当银幕上滚动片尾字幕，周围灯光也逐渐亮起时，我环顾四周，顿时惊呆了。我是 2 号影厅内唯一一个白皮肤的人。我并没有感到紧张或恐惧，只是有生以来第一次意识到，作为少数派中的一员究竟是一种什么滋味。

这次“模式转换”是被动的，但让我深刻认识到，肤色、能力、体型、年龄等诸多因素的不同，会让人们产生怎样的差异心理与感受。我妻子曾是全校 700 个孩子中唯一一个拥有黑色皮肤的人（当然这种现象在如今的校园已极为罕见），那种身为少数派的经历，一定给她的生活带来了不小的影响。那次观影体验，让我深深领悟了这些道理，并且至今仍记忆犹新。

倘若我在那次被动的“换位思考”前就积极鼓励自己进行尝试，相信我会更早地懂得身边的某些人和某些事。

这里提供了一些换位思考的建议，我们可以尝试一下，挑战一下。

- 试着坐在轮椅上一段时间，看看周围的人会有什么举动。
- 如果出了问题，试着停止抱怨，扪心自问怎样才能改善眼前的情况。

- 试着成为你自己的顾客。
- 禁食一天。
- 去收容所做义工，和那儿的人聊聊，问问他们为什么会在这里。
- 坚持一星期不去超市购物，在自己的壁橱和冰箱里搜寻一下，尽量依靠家里现有的东西来生活。
- 在指责别人的行为之前，先充分了解这个人所处的情况。

由于我们对周遭的一切都已司空见惯，因此要强行创造一些“换位思考”的机会，相信你一定会从他人的角度看到一个不一样的世界，从而摒弃自己以往对人或事的成见。这也是除旧立新的最快办法，有时甚至可以帮助你深刻地审视现实。

如果你是一位交警，执勤过程中从未遇到过超速驾驶，那么你一定会觉得特别奇怪。于是，当你脱下制服开车回家时，也许会产生上演一段“急速飞车”的念头，看看当班的交警会是什么态度。这也是一种换位思考，但请你不要知法犯法。

整理我们的思维方式，以全新的视角看待一个问题，可以让我们更容易理解当事人以及他们的行为。坚持有规律地进行

“换位思考”训练，我们会在恰当的时候做出正确的选择，看待事物也会更加透彻。无论生活赋予你什么，我们都可以时刻准备迎战，把一切变得更好。

第 2 章

反向思考让你更自信和快乐

快把无谓的担忧甩开，立刻！马上！

想象一下，有这样两个人，年龄相仿、背景相同、资历相似；唯一的区别就是，其中一个总是信心百倍，另一个却时常自我怀疑。请问谁比较容易成功？

当然是前者。

在过去的 15 年里，我周游世界各地，为人们进行励志演说。讲座期间，我经常会问：“在场的各位，有谁能够在生活的各个领域中时刻保持自信？请诚实回答。”在迄今为止的约 50 万听众中，仅有 3 人举手回答说：“我总能保持自信！”实际上，我不认为这些人能够真正在生活的**各个领域**都能做到**时时刻刻**保持自信，他们也许并没有完全听清楚我的提问。

认知
5

丢掉“担忧”，重拾信心

小心！你精通于自己担心的事物。

这里要强调一下，这句话不是说人越担心什么就越擅长做什么，而是说人会越来越善于担忧。“忧虑者”拥有非同一般的想象力，我的母亲就是忧虑者的杰出代表。如果我在旅途中打电话给她，她就会担心我会在很长一段时间内不能回家；如果我从家里打电话给她，她又会担心我最近没多少工作可做！

世上有无数个担忧的理由。但是，大家是否注意到，一切担忧皆因我们的注意力只停留在负面事物上。我们从未听说过有人会为自己找到了真爱而忧虑，或者为已经和客户达成协议而担心；人们只会忧虑自己无法完成交易，或者担心自己会孤独终老。

有人说，担忧也是有好处的，它可以让我们学会提前准备。这么说也有道理。但是，为什么而准备呢？为了最坏的结果吗？

担忧只不过是你那丰富想象力的产物——这是个特大喜讯！因为越善于运用臆想来制造担忧的人，在发挥想象力把忧虑彻底驱逐方面，也越具备潜质。以下是具体实施方法。

“信心蛋糕”——自信的必要配方

建立自信的诀窍，其实跟制作一块完美的蛋糕差不多——找到正确的配方，遵循一定的步骤方法，然后你就会收获喜悦。这是一条屡试不爽的定律。

我们现在要做的是丢弃“担忧”，重新整理信心变身为“自信”。这只需要你动动脑，尤其是充分运用一下头脑中特别善于臆造烦恼的部分——你的想象力。

无论你是否觉得有必要，都请现在就来试一试。练习之后，请坚持时常复习这种脑力运动，逐渐提高复习频率。久而久之，你就可以形成习惯。下次，当忧虑入侵大脑时，你就会自然而然地将它转化为自信。

请想象一个本来会给你造成无尽担忧的情景，你却突然间发现其实并没有什么可焦虑的，一切都很好，自己便会再一次信心满怀。

以下例子可供大家练习使用，让你的思维瞬间“自信满满”。

- 一次约会，本来让你很有压力，但最终皆大欢喜。
- 一场面试，原本让你焦虑不已，但最终签署了工作合同。
- 一台表演，起初让你感到怯场，但最终使你成为万众瞩目的明星。

想象一个曾经让你特别担忧的场景，尽量不让自己在那里停留太久！让大脑回到之前那种特别自信的状态。你需要抓住此刻的信心，抓得越牢越好。

现在，依据以下指标对“担忧状态”和“自信状态”下的自己进行评价：

- 呼吸；
- 身体的姿态；
- 注意力；
- 语言；
- 所见图像的颜色与大小；
- 对身边其他人的反应。

请大家先闭上双眼，再进行接下来的步骤。

发挥你的想象力，把刚才的自信感觉与行动统统放大，让它们变得越来越强烈，不断给自己充电，直到感觉自己信心爆棚，让自己红光满面。

关于自信，你拥有独特的配方，并且你已经掌握了所有步骤。你需要时常练习，次数多多益善。你可以给这种状态下的自己取个名字：超人、自信哥、奇迹达人，等等，名字任你挑选。这么做一开始会让你觉得奇怪，甚至有点儿假，但其实无所谓。我们在童年学骑自行车、系鞋带的时候，一开始也会觉得很奇怪、不真实；但是现在我们早就习以为常了。同理，越频繁地按“自信配方”练习，你就越能够自然地接受它，让它潜移默化地影响你的生活。

因此，下次只要你感到自己有丝毫担忧，就请立即丢弃自我怀疑的念头，开始实践“自信配方”。减缓自己的呼吸频率、改变身体姿态，说出那些自己在特别自信时才说的话；尽量保持这种状态，几分钟甚至是几小时。你真的需要相信它的有效性，努力坚持下去，不断进行自我训练。

反向思考的智慧

对于那些能够把自我怀疑与担忧转化为自信的人来说，收获总是特别丰厚。

认知 6 丢掉痛苦的记忆垃圾，运用“模糊怀旧法”重塑自己的生活

往事面目已全非。[①] 对不起，我总是忍不住想说这句话。现在言归正传。你是否留意过，对于同一事件，两位目击者的描述为何会完全不同？为了得到自己喜欢的结果，人们是不是会经常在自己的记忆里动手脚？的确如此。记忆只不过是你对过往事实的主观印象罢了。

记忆能对事实进行加工。这种现象对我们非常有利，我们可以利用“反向思考”的技巧和适当的想象力，赶走那些毫无益处的记忆垃圾，重新塑造一段正面的回忆。

我使用“毫无益处”这个词来形容应该抛弃的记忆碎片，这是因为并非所有的负面记忆都是“毫无益处”的，某些负面记忆应当在头脑中留下印记。所以，请大家自己审慎判断。

① 《往事面目已全非》(*Nostalgia Isn't What It Used To Be*)是法国女演员西蒙·西涅莱(Simone Signoret)的自传，本书作者在这里恰如其分地引用了传记书名。——译者注

丹尼尔 40 多岁，生活还算幸福，但是他与父亲之间却一直存在隔阂。随着父亲日渐衰老，丹尼尔决心解决这个问题。他采用了“模糊怀旧”的方法。在他记忆中的童年，父亲很少在他身边照顾他、关心他。

丹尼尔认为，现在是时候塑造一段更好的记忆了。他开始经常回家，听母亲讲述他童年时跟父亲在一起的故事。他非常惊讶地发现，父子之间居然有那么多值得珍藏的回忆。打闹嬉笑，同去钓鱼，以及自己曾经被反锁在厕所里，父亲不得不从其他房间翻过去才把他解救出来，类似的故事还有很多很多。

然后，丹尼尔跟父亲进行了相同的练习——去倾听父亲的记忆。

接着，丹尼尔花了 15 分钟再次造访自己的回忆，适当地运用自己的想象力。他努力回想童年，想象那时的他总有父亲的陪伴。然后，他进一步在记忆里填充刚刚从父母那里获得的新鲜情节。每当他遇到原本记忆中父亲不在的场景时，丹尼尔都会重新梳理这段回忆，添加想象，不断复习和重温。

这样做的次数越多，记忆和想象就会愈发融为一体。于是和父亲在一起的童年时光就越来越多地涌上丹尼尔心头。

丹尼尔回味着创造全新记忆的过程，他说：“一开始，我觉得这太假了。但是，没多久我就发现记忆和想象合二为一是特别容易的事情。让人感觉最奇妙的是，这个方法让我对父亲的感觉变得越来越亲切。父亲并没有改变——当然，也不需要改变——但是我变得更加积极，更加快乐了。”

反向思考的智慧

想要拥有快乐的童年，任何时候都不晚。

认知 7 丢掉挫折记忆，专注于“下一次更好”

有一本名为《足球：需要提升心智的比赛》(*football: raise your mental game*）的书，由理查德·努基特（Richard Nugent）和史蒂夫·布朗（Steve Brown）合著。理查德不但指导足球运动员和其他体育项目的运动员，而且还培训企业管理者。我们曾在一起探讨，为什么有的球员会在一些比赛中看起来好像完全丧失了信心，在整场比赛中都无法正常发挥。他跟我讲了一个精彩的故事。

理查德的一个客户是利物浦球队的球员，这位英国最优秀的年轻球员曾遇到这样一个困境：如果在球赛开场时他传球不利，那么在整场比赛中他至少会再出现 5 次水平欠佳的传球。

年轻球员面临的心理挑战其实就是，自己一直抱着传球不利的记忆不肯放手。也就是说，他之后的每次传球实际上不仅是在进行新的传球，还是在下意识地重复之前的失败动作。

理查德进一步解释说：“由于大脑不太会清晰辨别真实场景与想象场景，这就意味着该球员每次都在同时进行两种传球。然而，无论你的球技多么精湛，也无法同时传两种球。”

你可以想象，这会给球员造成多大压力。每次传球失败都会累积更大的心理挑战，第三次、第四次……于是不停地重复失败。

这位球员会在心里把一个个烂球进行一层又一层的叠加，让他不得不认为自己的下一个传球仍会失利。有了这份心理上的确定，他的传球无疑会越来越糟。

为了解决这个难题，理查德让这位球员学会集中精力，使用激励话语“下一个球”。他在比赛中不断重复这个词，从而消除自己对之前传球的记忆。

如果你也是职业球员，当你遇到传球失败的情形时，你就应该知道如何进行心理暗示了。如果你不是球员，以下场景也许等同于你的“失败传球”：被人拒绝、错过机会、试镜失败、某些人让你生厌，或者对你说的话断章取义。

如果你也能创造一个类似“下一个球”的激励话语，你就会降低重复错误的概率。重温一个消极的记忆，还不如专注于一个积极的未来，这样才会快速建立自信。

运用“下一个球”等激励话语，进行“反向思考”练习

- 一次不愉快的通话——“期待下一次通话”
- 遇到某人时不知该说些什么——“开始下一个话题”
- 演讲时忘词——“跳过这段，说下一段”
- 没有完成任务——“想想下一步”
- 你的提议遭到拒绝——“给出下一个点子”

丢掉对 37 号菜的执念，尝试新鲜事物

倘若你的过去和内心的“安全感”紧密相连，你就很难去体验新鲜事物，因为你把任何新的、不同的东西都和“风险”“不安”联系在一起了。

小时候，家里每个月都会吃一顿中餐外卖，大快朵颐。至今我还记得那仪式般的晚餐场景。那通常是在星期五的晚上，父亲或母亲会向全家宣布“今天吃中餐”，于是我和哥哥都会兴奋不已。30 分钟后，父亲带着美味回来，打开袋子，一个一个地拿出来：一份鸡肉炒饭（37 号）、一份糖醋鸡丁（52 号）和一份薯片。

在 13 岁之前，我一直以为中餐外卖只有鸡肉炒饭、糖醋鸡丁和薯片这三个菜品。真的，我那时的确是这么想的。

父母在整整 20 年里一直点着同样的中餐。为什么？因为这样很安全。这几个菜好吃，他们知道自己可以放心，每次都能吃到美味，不至于失望。

后来发生的事改变了他们的想法，也帮助我发现了更多的世界美食。

那天，一切都是按照惯例进行。父亲电话订餐，然后从餐馆把饭菜带回来。母亲摆好餐桌、叠好餐巾、准备好四杯汽水。有时，我们还会放一些东方情调的音乐来酝酿情绪。但是我们从不使用筷子。所以除了餐桌上没有筷子外，其他都一样。

父亲会非常正式地把外卖餐盒摆放在饭桌中央，然后很夸张地、认真地打开盖子。这种仪式已经进行了 20 年。直到那天晚上，他打开盖子，发现里面不是鸡肉炒饭，而是特色炒面（78 号）……我至今还记得，当时父亲气急败坏，咕哝了一句脏话（我当时 16 岁，还是第一次听见父亲骂人）。

我记得，大家小心翼翼地往那个锡箔盒子里看，然后父亲用叉子挑起一根面条。经过几分钟的研究和讨论，我说："我来吃这个吧。"母亲回答："但是，你不喜欢吃面条呀。"

她怎么知道我不喜欢吃面条啊？我以前从来没吃过呀！

作为一家之主，父亲这时挺身而出："大家别担心，我来消灭这道菜。”紧接着，他就用叉子把面条送进嘴里，面条的另外半截在下巴周围晃来晃去。此时此刻，屋内鸦雀无声。父亲咀嚼了三下，然后大声宣布：“好吃！”于是我们决定每个人都品尝一下，结果大家都觉得非常美味。

然而，这次“历险”并没有激励赫佩尔一家去尝试中国餐馆的其他菜肴，我们依然坚持只点 37 号菜和 52 号菜。其中有另外的原因，在这里不做赘述。

尽管在全家人眼里“特色炒面（78 号）”只不过是个美丽的错误，后来父亲仍然不肯更换每月一次的中餐菜谱，但是他却总在饭桌上提起这道菜，想要重温那天的惊喜。

“炒面事件”过后的第六个月，中餐馆又一次把炒面当作鸡肉炒饭装进了外卖口袋。后来，全家先后 5 次这样“幸运地”品尝到了其他菜肴，并且每次意外都带给我们非凡的美味。

你的 37 号菜到底是什么？哪些是你习以为常的想法与行为？

现在是时候重新翻一下菜单，去尝试新鲜事物了。你可以把这个当作建立自信的练习，无论是食物、假日、通勤路线，或者做事方式，你都要试着大胆尝新。

我的朋友雪柔曾开玩笑说，你应该每三年换一次房子，换一个老公，换一份工作。

认知 9

当考试落败、面谈失利、约会告吹时，如何丢掉“自我否定”

如果你想让自己的信心迅速提升或者迅速下降，最好的方法莫过于去参加考试。考得好，立刻信心十足；考得不好，马上就会变成泄了气的“皮球”。

考试前，我能给你什么建议呢？是的，你是在参加“考试（EXAMS）”——E 代表“夸张”，X 代表“焦虑”，A 代表“和”，M 代表“精神”，S 代表“压力”——这场“考试”就叫作“夸张的焦虑和精神压力”。[①]

如果考试不是最痛苦的事情，那么下一步往往会让人觉得更加难受，那就是“拿到成绩单”的那一瞬间。停下来，问一问自己：“为什么现在打开信封变得如此重要，好像这个动作可以决定自己的智商似的？看了成绩后，你的智力水平、智慧难道会跟之前有所不同吗？”当然不会。因此，为什么我们还要对是否通过某个考试而感到纠结呢？

① Exaggerated Anxiety and Mental Stress，作者选取了这些词语的代表字母作为缩写。——译者注

又到了反向思考的时间了。你可以让这个场景变得好起来。

我热爱学习；但是不那么喜欢现行的测试方式。有时，我们会依据某人是否善于考试来判断他的一切。这是否意味着考试达人们要比那些学以致用但成绩欠佳的人更胜一筹呢？

如果考试失利，你该怎么办

1. 撕毁成绩单。如果你彻底考砸了，那就销毁证据。烧掉、撕掉，怎么都行，反正别把它继续拿在手里。
2. 说服自己，你仍然是没拿到成绩之前的你。现在的你只是比过去多了一样东西，那就是“经验”。
3. 如果你想重考，请尽快进行。“尽快”非常重要，尤其是对于考驾照来说更是如此。
4. 获取反馈。如果有人可以解释你未能通过考试的原因，那么就去咨询他们，倾听他们指出的问题。
5. 扪心自问：“我是否真正学到了一些东西？”
6. 使用快速建立信心的方法，比如，本章开头提到的“信心蛋糕”等。

不必将考试失败当作一场噩梦，你可以把一次不愉快的经历转化为正面的学习机会。

如果你搞砸了与爱人父母的会面，或者没能得到你的理想工作，你都可以利用这种能量转换的办法。

你越是自信，就越有勇气走出自己的舒适区去尝试新鲜事物，当你越愿意接触新鲜事物时，你就会变得越发自信——这是个良性循环。待在那里守株待兔、坐以待毙是绝对行不通的。

你必须丢弃自我否定的想法，现在就开始树立自信，只有这样，信心才会不断把你塑造成更为优秀的人。

反向思考的智慧

大多数人都想要更多的信心，而能够有意识地进行自我提升的人寥寥无几。好消息是，你不属于“大多数人”。

认知10 丢掉所谓的快乐理由，塑造快乐心态

许多人总是在等待那些能让自己开心的理由，然后他们才会快乐起来。事实上，我们不需要等着快乐的事情发生，我们可以随时让自己高兴起来。实际上，我们可以在任何时间、任何地点都去创造一个快乐的心态。

这种状态需要策略技巧。以下内容希望可以帮你小试牛刀。

- 你能在同一天里既快乐又悲伤吗？
- 你能在同一个小时内既快乐又悲伤吗？
- 你过去是否经历过一些场景，开始让你发笑，后来让你流泪？
- 你是否注意到一些人看上去比另一些人快乐？
- 你是否留意过那些快乐的人，他们是如何保持愉悦心情的？
- 尽管你原本有很多值得开心的事情，但仍易变得暴躁或忧郁？
- 实际上，变得暴躁是你的选择吗？

- “暴躁”这个词很有意思吧？
- 最重要的是，如果你能选择变得暴躁或悲哀，那么你是否也能选择变得快乐？

我猜你对大部分问题的回答都是肯定的。这些简单的问题只不过是想告诉大家一个事实：你的确可以选择让自己开心起来！如果你掌握了正确的方法，这种选择就会变得愈发轻而易举。

反向思考的智慧

暴躁或快乐？你自己来选择。

甩掉“悲伤”，拥有“快乐”

让自己开心起来的最快、最简单的方法，就是张开嘴巴笑一笑，然后看看会发生什么。这个方法说起来简单，读起来更简单，但是做起来的确很难。对于这种阿 Q 式的办法，人们的看法通常分为两类。

第一类，看到方法，立即实施。尽管他们起初也不相信，但是只要做了“笑”的动作，他们就可以“哄骗”自己的思维去以新的视角看待问题，于是他们最终获得了不同于以往的开心结果。

第二类，对新方法进行屏蔽。他们在自己的深层思维之外覆盖了一层薄膜，即使微笑的动作带来了一些改变，他们也会立即恢复原本的状态。

为了使这个方法的效果最大化，我必须把以上两类人都考虑在内。以下是从“悲伤”到“快乐”的“三步舞曲”。你很快会看到效果，而且功效持久。

第一步：改变外观。把傻笑调整为微笑，展肩挺胸，让目光灵动起来，向上看，深呼吸两次。

第二步：挖掘细节。找出 5 个在此刻令你感恩的好事。比如，我活着；我住的是大房子；我长得不错；人们喜欢我；今天要吃美食！就是这些细小的事情，你需要找到至少 5 件，如果能写下来更好。

第三步：动起来。采取行动，让自己进入开心状态，动起来！总坐着，你就容易忧郁；抬起腿来行动，你会立刻感到快乐。如果需要给朋友打电话，那就站起来去打。如果你需要收拾屋子，那就马上开始打扫。

行动起来，你的心也会随之而动，快乐即刻降临！

简单吧？太简单了？在你没有验证之前，不要轻易评判。强烈建议你在真正需要变得开心之前就开始自我训练。

不要等到失意时再去实践。现在就开始练习。等真正需要时，你会更容易获得快乐。

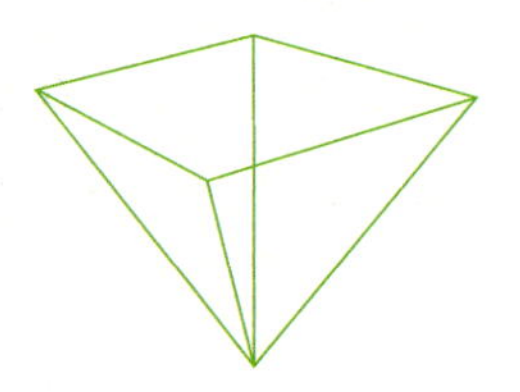

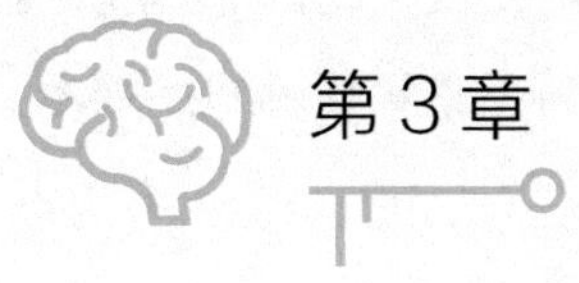

第 3 章

反向思考让你的关系更健康

快把人际关系中的“破烂儿”扔掉，立刻！马上！

如果这能成为本书最短的章节该多好。然而，人们常常忽视自己身边的朋友、爱人与家人的奉献，把一切看作理所当然。因此，本章同样需要大量笔墨来为大家答疑解惑。其实，与生活的其他领域一样，你只需要一些方法和技巧，再多用点儿心思，你与朋友、爱人和家人的关系就可以获得改善。

认知 11

友情——丢掉他人的负面影响，重获舒适与自由

让我们从朋友这个话题开始。有朋友真是棒极了！当你需要有人陪伴时，他们就会出现在你左右。他们可能和你拥有同样的信念。在你生活的各个重要阶段，他们都在那里为你默默加油。他们慷慨大度、从不索取，知道你想要什么样的礼物。他们也许只是偶尔来做客，但从不逗留太久。他们总是在恰当的时候打来电话，并且总是记得对你来说非常重要的事情。他们仿佛拥有第六感，无论是表示同情或是提出建议，总会在恰当的时间，说出恰当的话。你身边的朋友是这样的吗？

现实中，你的朋友可能会在大部分时间里做到这些。但他们也会偶尔在你非常不便的时候打来电话；时不时话语中带着炫耀；有时会在背后八卦你的消息；也给你买过很差劲的礼物（跟你送给他们的礼物相比，简直是相去甚远）；其实他 / 她根本不懂真正的你，也不理解你的需求、渴望和期待。

我的描述是不是太刻薄了？也许你的朋友刚好分布在上述两种极端类型之间。对此，你可能会大声申诉："嘿，他们是

我的朋友，他们就是这个样子，我也没办法改变呀！”

你知道自己和第二种朋友在一起时，根本不开心；其实你很想在友谊中获得更多的心理满足。所以，现在就为自己做个决定吧。

友情坐标

首先，从你最常见的 8 个朋友开始。在以下空白表格中写下他们的名字，他们可以是你的邻居、同事、同学等。然后在每个名字后面，大致计算出你在生活中与之相处的时间比例。为了方便计算，你可以假设自己一星期里有大约 10 个小时的时间在社交。

现在，根据他们的积极性和消极性，给这些朋友评个分。最低 1 分，最高 10 分。9 分、10 分代表非常积极；2 分、3 分代表非常消极。一般人会处于评分的中间值，5 分是折中的位置。

以下是标准示例，帮助你合理评分。

积极（高分）	消极（低分）
集中精力于“对”的事情	集中精力于“错”的事情
着眼于解决方案	着眼于困难和问题本身
让你觉得精力充沛	让你觉得心力交瘁
喜欢微笑	喜欢抱怨

下一步，在“给予”和“索取”方面，为朋友打分。给予越多，分数越高；索取越多，分数越低。5 分是折中的位置。

以下是标准示例，帮助你合理评分。

给予（高分）	索取（低分）
对你感兴趣	总是谈论自己
了解并体谅你的小毛病	不了解真正的你
主动帮忙，不会在帮忙前问这问那	想要知道一切，再决定是否帮忙
抢着买单	最后一个到吧台（不爱结账）

朋友姓名	相处时间	+ 或 –（积极或消极）	给予或索取
1 ________	% ______	________________	__________
2 ________	% ______	________________	__________
3 ________	% ______	________________	__________
4 ________	% ______	________________	__________
5 ________	% ______	________________	__________
6 ________	% ______	________________	__________
7 ________	% ______	________________	__________
8 ________	% ______	________________	__________

很好。你已完成了对 8 位朋友的评分。现在，请把这些朋友定位在下面这个简单的坐标中。

这里先给出两个示例，方便大家正确操作。汤姆在“给予 / 索取”方面获得 6 分，“积极 / 消极”方面得 3 分，因此他的位置在坐标第二象限（左上角）；相反，苏是个特别积极、善于给予的朋友，她的位置在坐标的第一象限（右上角）。

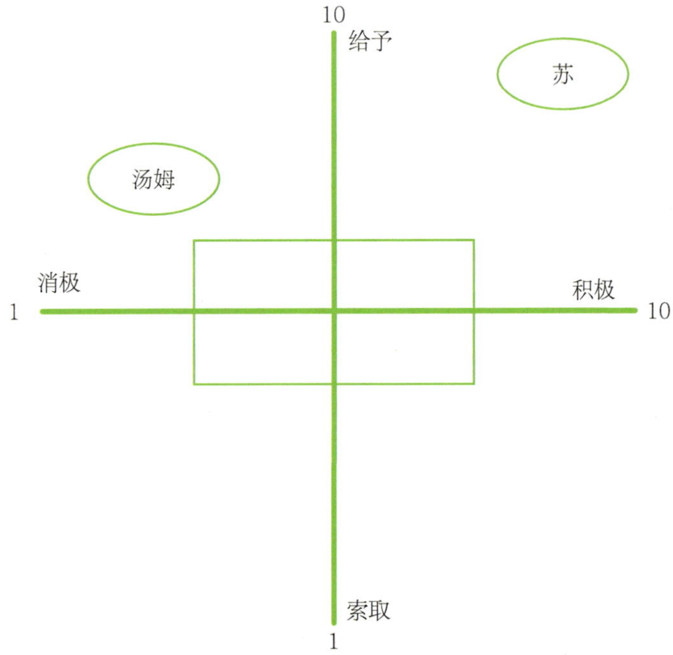

如果你已在坐标中找到了 8 个朋友的相应位置，那么现在你就可以思考一下自己应该和谁保持更紧密的联系了，以及应当对这些朋友各自采取什么策略。

我对四个象限的描述如下。

- **完全索取型：**和这些人在一起，你会感觉自己的能量被榨取得一干二净。他们的确是自己的朋友，但是他们永远只关心两件事：第一，他们自己；第二，他们生活中的不

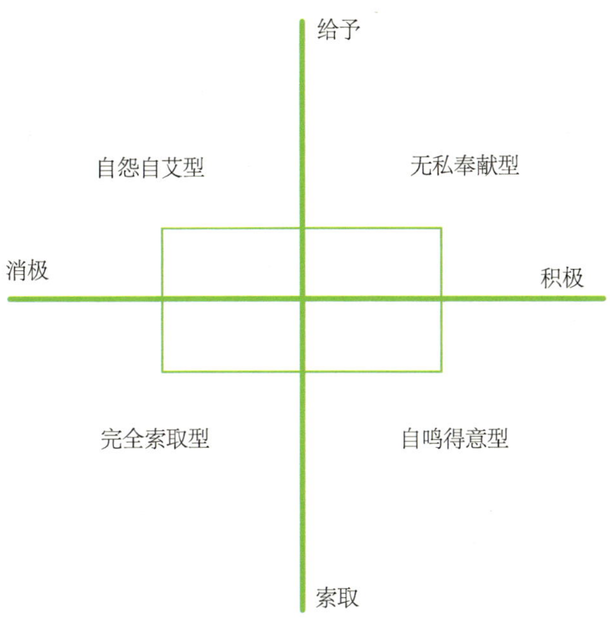

如意。

每个人都有只关心“自己”和“自身困境”的时候，但那应是偶尔为之的行为。如果你的朋友总是如此，并且你需要经常与之相处，那么你就必须采取措施，进行自我保护。

- **自怨自艾型：**他们为人很好，愿意付出和给予。但是，每次见面后，你都会为他们感到深深的同情。有时，他们乐于付出的程度甚至会让你自叹不如，反而渐生愧疚与负罪感。与其他人比较，他们更容易罹患疾病，虽然他们也不想让你过于担心，但是仍不可避免地跟你讲述患病过程中的种种苦难和血淋淋的细节。

- **自鸣得意型**：他们一直保持愉悦和微笑，时刻准备和你分享他们的经历。他们好像无所不知，对于任何事情都有自己的一番见解。如果你宣布自己准备休假两个礼拜，并已安排了旅游行程。他们一定会说你订的宾馆位置欠佳，怪你为什么不提前咨询他们的意见。这些人认为自己是绝对正确的，而你和这样的朋友在一起太久，就会觉得自己永远是错的。
- **无私奉献型**：棒极了！他们总让你感觉良好。他们不但有趣，而且对你也特别关注。他们喜欢和你共度时光，愿意参与你喜欢的活动。他们总是无条件地支持你，随叫随到。你乐意听取他们的建议，因为他们不会自以为是或者不请自来地高谈阔论，而是在你真正需要时才会提供真诚的意见。

以上描述是不是非常贴切？

定位完成后，应该做什么

在我和妻子克里斯汀共同设计出“友情坐标”之初，我们让身边的一些朋友参加了这个测试。在他们了解到自己对身边朋友感觉有所差异后，他们的反应令我们非常吃惊——很多测试对象先是思考了几分钟，然后问了同样一个问题：“那么，我现在该怎么做？”

该怎样做，其实是你自己的选择。如果你感觉和朋友相处愉快，你也可以从这段友情中获益良多，那么你什么也不需要做。但是，这里是想让大家学会“反向思考”，学会在任何状况下都能获取最佳收益，当然也希望大家在友情中也学会去获得最优成果。

这里我为大家处理不同的友情，提供了一些思路。

首先，使用“3E 线”，这是我的一种习惯说法，它是一条贯穿坐标右上角到坐标左下角的线。

朋友越接近坐标右上角，我们就越应当集中精力对他们实施第一个“E（elevate）”，即“尊崇”他们。

朋友越接近坐标左下角，我们就越应当考虑实施第三个“E（eliminate）”，即“消灭”他们。

注意，我说的“消灭”，可不是说去雇用杀手使这群朋友在地球上永远消失，也不是让大家在看到他们需要帮助时袖手旁观。我只是认为，在和这些朋友相处时，我们的确非常需要自我保护。我相信大家可以采用积极的态度和方法来处理这类友情。

对于那些处于“3E 线”中心位置的朋友，我们可以运用第二个“E（education）”，即“教育”他们，帮助他们升级为更优秀的朋友。

这个方法可以使我们拥有一个清晰的思路，对定位在“3E 线”上的朋友做出明确的相处选择：尊崇、教育或消灭。

现在让我们看看各个象限内部，该如何处理。

- **完全索取型：**我们应首先看看和这类朋友相处需要占用多少时间？我们能否把这个时间大幅削减？请牢记，近墨者黑。与他们相处的时间越长，你就越容易变得和他们一样。现在就学会婉言拒绝，到时才能应对自如。比如，"我很乐意今天和你会面，不过今晚已经有了其他安排。无论如何，非常感谢你的邀请。"
- **自怨自艾型：**这群朋友乐意奉献，却在精神上索取太多。对于他们，最好的处理方式莫过于"忠言逆耳"。我们可以坐下来告诉他们，对于其负面情绪，我们的真实感受到底如何。鼓励他们看到事物的积极一面。问问他们，每当你发现他们的消极情绪浮出水面时都会及时指出，对此他们是否介意？作为"可怜虫"，他们也许真的会介意，甚至把这种行为看作人身攻击。但是，"忠言逆耳"绝对值得一试，因为这可以真正帮助这群朋友。
- **自鸣得意型：**此类型特别适合群体活动。在与这类朋友相聚时，我们最好安排其他朋友一同在场。原本需要一个人消耗大量精力与其相处，现在可以由大家共同分担。我们也可以把几个"自鸣得意型"朋友聚在一起，在他们激烈辩论的时间里享受一份轻松。
- **无私奉献型：**我们应该用更多的时间和这类朋友相处，尤其是那些特别靠近坐标右上角的朋友。我们可以把从完全索取型朋友那里削减的相处时间，花在无私奉献型朋友身上，多和他们在一起！规划你们的相聚，提前预订午餐和晚餐地点；尽管离聚会可能还有几星期，甚至几个月的时间，也要提前预约。你会发现这一切都物有所值。

告诉那些在“无私奉献型”象限里的朋友，你是多么欣赏和珍视他们。他们是非常愿意听到这些赞美之词的。

亦敌亦友

我敢打赌，一定有几个朋友总是和你处于竞争状态；朋友中也会有人觉得你总在和他们比拼。坦白说，我们的确会特别关注那些比我们稍强一点儿的人。

这种竞争始于少年时代（甚至更早）。那时，身边每个人仿佛都比你多拥有那么一点儿，比你好那么一点儿。

我有个特别睿智的叔父。少年时代的我总觉得其他人能够得到我想要的一切。每当我跟叔父抱怨自己没有这个、没有那个时，他都会说：“迈克尔，在以后的日子里，你的确总会看见自己不如一些人过得好；但是，一定要记住，你的生活已经比另外一些人好太多了。”

在和朋友、家人、同事的竞争过程中，你会时常感觉自己无法达到某些标准。不要怨恨或嫉妒，翻开纸牌的另一面，把它看作一种提升的契机。如果朋友过得比你好，替他们庆祝，并寻求意见，从他们的成功中获得诀窍。放下艳羡和嫉妒，集中精力向他们学习。

现在，请再次反向思考，想一下那些生活中不如你的朋友。请你无论如何不要表现出丝毫的自负。这可能是最浅显的道理，然而你的傲慢和自负却可能在不知不觉中升级，你甚至会变得夸夸其谈。有时你觉得自己只不过是在分享生活中的精彩，而在这些朋友眼中，他们却只看到你的骄傲和自大。如果你不清楚自己是否听起来太自负，那就休息一下，保持沉默吧。

休息一下，吃点儿零食——来尝一尝“谦虚派”。

反向思考的智慧

你不能选择家人，却能选择朋友。慎重选择，聪明地对待友谊，优质的友情和卓越的朋友就会与你为伴。

认知 12

爱情——丢掉等待、不切实际和自以为是，邂逅与经营真爱

心中拥有真爱，是人世间的极致状态。当你找到真爱时，它会放大生命中的所有美好；它就像最完美的友情加上熊熊燃烧的火焰。真爱异常珍贵，遇到它，需要运气和努力；维系它，则需要心思和技巧。

如果你恋爱了，我可以跟你分享一些爱情保鲜与加温的方法。如果你还没遇到爱情，或许已经爱过、失去过，甚至根本不懂爱情，那么我们可以从下文开始学习寻找它。

丢弃不切实际的梦想，帮助自己寻找真爱

“白马王子终有一天会来到我面前！”这句话的浪漫指数极高，梦想成真的概率却不高。原因是：（1）王子们不经常出现；（2）即便出现，他们也是一群自以为是的家伙，估计你也不会太喜欢；（3）王子们在“很久很久以前，在一个很远很远的地方”，而你在现代，你在这里！

所以，你是停在原地等待白马王子出现，还是走出去主动寻找呢？我知道，这道选择题可能会吓坏不少女孩。但是，答案的确是后者。

我把接下来的内容分为两部分，首先是我写给男士们的建议；接着是我太太克里斯汀写给女士们的建议。我建议女士们不要阅读第一部分，因为你可能不会太喜欢这些建议。同理，男同胞最好也不要去看第二部分的内容。

给男士的建议

如果你正在寻找真爱，请遵循以下准则。

- 擦亮鞋子，修剪指甲、保持牙齿清洁。
- 不要擦拭味道太浓的香水。无论广告如何宣传，说女人是多么喜欢这种香气浓郁，你都不要相信。
- 主动一些。女孩儿喜欢自信主动的男生。但是，过犹不及，当自信变成自负，就会引起女性的反感。
- 别太在意“被拒绝”。除非你极为幸运，否则你一定会在寻找真爱的途中遭遇无数冷漠和回绝。
- 浪漫一点儿。但是别在初次见面或是她的朋友在场时制造浪漫——浪漫也需要真实。
- 不要为了顺从她而同意她的所有说法。
- 彬彬有礼。
- 无论你的故事多么妙趣横生，也不要只谈论自己。

- 多听听对方的经历。对她的故事表现出真挚的关注。

给女士的建议

现在轮到女孩子们认真阅读了。

- 让朋友帮你介绍相亲对象。老实讲，朋友介绍的对象并不总像你想象中的那么糟糕。
- 时常微笑。男人认为微笑具有不可抵挡的魅力。但一定要真心地微笑，否则会变得傻兮兮的。
- 不要以为男人知道一切。有时他们一点儿主意都没有，他们需要你的引导。
- 要注意人身安全。
- 别迟到。偶尔迟到 5 ~ 10 分钟无妨，迟到太久会显得很没礼貌。

你刚才是不是按照我的要求，对给异性的建议没偷看一眼？你是否特别想移动目光，偷偷窥视另外那张清单里到底写了什么？我猜你一定非常想看，因为我们都对异性的真实想法特别感兴趣。

那么，现在你准备好去探索异性的真实观点了吗？好，那还等什么？哦，对了，的确要等一下，首先你需要遇到一位异性，然后才能研究他 / 她的想法，不是吗？

邂逅生命中的真爱

你祈求上苍让你早日遇到真爱。如果你在电视机前祈福，那么这愿望恐怕永远无法实现；但是在电脑前许愿，却可能梦想成真。在过去几年里，网上相亲发展得相当迅速。

利用网络相亲的人，大多都真心想遇到自己的另外一半。而那些经常出现在酒吧、俱乐部和派对中的人却不尽然。在这些场合中，你需要跳舞、搭讪、试探地询问对方是否也在寻觅爱情，费时费力。

如果你喜欢足不出户，却又希望轻松自在地遇到某人，那为何不放下偏见，勇敢地尝试一下网上交友呢？

如果你不得不走出去，在现实世界中与陌生人会面，一切又会怎样呢？有人会马上变得犹豫不决。不停地担心：如果我被拒绝怎么办？要是约会失败了呢？假如我是房间里长相最丑的人呢？要是全场只有我一个单身汉，该怎么办？

好了，请你丢弃所有担忧。想一想，一定会有很多单身人士到场；大家都会觉得你很漂亮；你可能会遇到适合的约会对象；也许会遇到真正的爱情。

我有个男性朋友，他走进任何聚会的场合，都带着自信：坚信在场的每位女士都会觉得自己很有魅力。我的祖母常说我这个朋友“其貌不扬”。但是他总能获得几位女性的青睐。即使他被拒绝，他也会保持礼貌和微笑，默默地鼓励自己继续寻找。

培育新爱

好，现在你已经克服了最大障碍，遇到了某个人。你们互有好感，愿意陪伴彼此。但是，这就是爱吗？

在一次专访中，主持人让我定义“爱”。我的描述是：“当对方走进来的一瞬间，你会怦然心动。”如果你在婚后 20 年仍对爱人感到怦然心动，那么你一定解开了爱的谜题，懂得了爱的真谛。

爱情的圆满结局，不能只靠运气。

每段恋爱关系都有三个层级。一旦过了热恋阶段（热恋阶段总会结束的），你们就需要升级为第三个层级。

层级 1：我能从这段恋爱中获得什么？相识之初，双方都会有这种想法，无可厚非。如果你一直这么想，你们的关系恐怕无法继续发展下去。

层级 2：如果你能为我做点儿事情，我就可以为你付出一些。这是一种条件交换、讨价还价的想法。很多恋爱都在此止步。很多人对此非常赞同，因为它可以赋予我们一定的确定性，以及对感情的安全感。比如，你的男朋友可以在周二晚上和他的朋友一起出去，前提必须是你可以在周四跟自己的朋友小聚。这样一来，双方才能感到心理平衡。

层级 3：你的需要即是我的需要。这是恋爱关系发展的极致状态。你们会把对方的需要视为一切，无怨无悔地付出，不求回报。当然，达到这个层次并非易事，保持这种状态则更为困难。但是，爱的回报是非常丰厚的。

要想达到第三个层级，双方就必须相互具备绝对的信任与奉献精神。而且关键的一点是，双方必须都处在这个层级。如果一方已经达到第三个层级，而另外一方却停留在第一个层级，你能想象这种恋爱是怎样的状态吗？

乐意倾听

这是给男生的建议。爱人今天工作很不顺利，你们下班回家后，她准备向你倾诉一天的坎坷经历。

她正在绘声绘色地还原那糟糕的一天，你边听边想，你已经找到问题的症结，知道她错在哪里，你可以帮她摆脱困境。于是，你拿出男性的“理性与智慧”，打断她的描述，说：“你应该这么做……”你坚信自己可以帮她解决问题，所以你滔滔不绝地讲解着你的方法，告诉她应该这样或那样，纠正这样或那样的问题。

后来，你才意识到，你说的话，她一句也没听进去。使用男性的视角对状况进行分析，在这里恐怕全无用处，毫无帮助。你只不过是想帮她一个忙，结果却可能是她伤心、你挫败。

具体场景可能是这样的。

男：亲爱的，今天过得怎么样？

女：还好，只不过……

男：只不过什么？

女：老板快把我逼疯了。他完全不把我放在眼里，把讨厌的活儿全都交给我做，还鸡蛋里挑骨头，没完没了。

男：（开始男性的理智分析）其实你知道可以做些什么来改善这种状况的。

女：我能做什么？他是老板呀！

男：瞎说！如果我是你，我会……

女：但是，你不是我！

男：我知道我不是你。如果我是你，我会让他适可而止，不要欺人太甚。但是，既然现在他已经认定你逆来顺受，你应该……

女：你不了解我的工作，也不知道我到底能做什么，不能做什么！

以上情景是情侣或夫妻之间常见的失败沟通，因为它触犯了男人与女人相处的第一条法则。

男人喜欢解决问题；而女人只需要被倾听。

每当我提及这个观点时，总有人会认为我有性别歧视倾向。如果是这样，非常抱歉。请你换个视角，把我的“歧视”遗忘。对于男士，我的建议是这样的：当女士描述自己所遇到的难题时，不要以为她们在向你寻求解决办法。通常来说，如果女人需要解决问题，她们会自己想办法，或者直接询问你的意见。

同理，如果你是女人，当你和男士讲话时，别以为他们在认真倾听（除非你跟他们描述足球比赛的全过程）。上帝很狡猾，在创造男人和女人大脑的时候，故意设计了不一样的参数。

现在，运用刚刚获得的知识和建议，把刚才的场景重新演绎一遍。

男：亲爱的，今天过得怎么样？

女：还好，只不过……

男：只不过什么？

女：老板快把我逼疯了。他完全不把我放在眼里，把讨厌的活儿全都交给我做，还鸡蛋里挑骨头，没完没了。

男：接着说，我想多听听细节。

女：哦，也许我误解了他，感觉他太针对我了。但是，在过去的一个星期里，他有好几次都让我觉得自己像个二等公民。

男：是吗？再多告诉我一些。

女：唉，也没什么。我只是抱怨、发泄一下而已。

男：我知道。我愿意听你说。多给我讲讲吧。

女：嗯，周二那天……

看懂上面的对话了吗？非常好！

现在为女士们提供建议。

当你的他下班回家时，先让他在“山洞”（即客厅）里看一会儿新闻或体育节目，任何形式的理智或情感的对话最好都要等到大约半个小时后再进行。

就是这么简单。男人也就是这么简单。

男性与女性在众多方面存在巨大差异。同样一个差异，可能前一秒还让你们如胶似漆，而下一秒就演变成冷战的导火索。认识差异，并强化其正面力量，减少差异带来的分歧与斗争，这才是爱情成功的法宝。

爱情永驻

我和太太相爱差不多大半辈子了。现在我 44 岁，一切还是那么美好。

我发现，让关系融洽或紧张的都是一些小事。这些小事可以体现你对对方的尊敬、关怀和爱，小事才是关键。把小事做对，就可以为爱情铸造坚实的基础。

以下是我们夫妇经常为对方做的一些小事——希望这些可以激发你的创造力，发明自己的方法，利用身边小事让对方知道她 / 他在你心里是多么重要。

- **挤牙膏：**每晚睡前，无论谁先进卧室，都会把两个人的牙刷挤好牙膏。我已经不记得我们从何时开始、为何这么做了。但是这个举动很简单、很贴心。

- **老式短信：**互留“爱的便签”已不是什么新鲜玩意儿了。然而由于手机短信的普及，恋人们已经很少互写便签了。收到对方短信的确温馨，如果偶尔在抽屉里能看到一张写满甜言蜜语的字条，则更是弥足珍贵。
- **冰雪消融：**妻子为我做的事情中，最令我感动的是，她会在冬日清晨提前把车子发动起来，帮我清除车上的霜冻。能坐在温暖的车子里，看到毫无积雪或冰霜的前挡风玻璃，那种感觉好贴心。当我特别着急出门时，就更会对妻子的帮助感激不已。
- **赞美对方：**越是亲近的人，就越容易被我们挑剔。换个角度，尝试每天都在对方身上找到值得赞美的优点。如果优点不太容易找到，那么就需要你更加努力地寻找。
- **说“我爱你”：**这句话听多少遍才会厌倦？没错，听再多也不会腻。如果你今天还没对爱人说出这句话，那么现在就去告诉对方“我爱你”吧。

这些小事只是个出发点。找到真爱，是人生最美好的经历。说不定，如果恋爱进行顺利，双方相处融洽，你们会最终步入婚姻的殿堂，生儿育女，开始幸福的家庭生活。

认知13 亲情——丢掉对家人的苛刻期许，用心经营融洽关系

家人，你最熟悉的人。让我们从最简单的事情开始。

如何让你的孩子主动清洗自己的餐盘、自觉整理他们的房间？

我曾在一所继续教育学院进行过为期一天的培训。由于当时该学院即将迎接考察团的到来，所有员工都在为此忙碌，无法在平时进行培训，因此只好安排在周六进行。

主办方告诉所有员工，如果他们肯放弃一个休息日来听我的讲座，就会有所收获，并为此制作了一张“收获清单”，印在宣传海报和邀请函上。这张“收获清单”的最后一条就是“不用请求、贿赂和唠叨，如何让你的孩子自愿整理他们的房间”。

最终，学院 98% 的教职员工到达了讲座现场！猜猜看，他们最想知道哪个问题的答案？没错，大家都想知道如何让孩子自愿整理房间！

这个方法的妙处在于它几乎是万能灵药，当你需要鼓励某人去做某事时，都可以尝试这个技巧。我相信，你已经被这种说法深深吸引了。

下面详细讲解一下这个方法。孩子，尤其是青少年，对于整理房间有一种天然的反感。大多数家长会用唠叨、哄骗或劝说的方式，却往往不能奏效。所以，家长们会怎么做呢？他们可能会采取强硬手段。

我的儿子也有同样的问题。于是我和妻子放弃使用过去的所有手段，决定来一次不同的尝试。我们想出的点子很极端，实施起来也有一定的风险。

自从那天开始，我和妻子只对儿子房间进行正面反馈。我们会竭尽全力寻找一个他整理过的痕迹、他放回原处的东西、一个打扫过的地方，然后对他的行为进行表扬。有时候，要寻觅干净整洁的细节实在不容易！

一开始，儿子感到很奇怪，后来他可能已经知道我们的计策了。可是，我们依然坚持这样做。大概两个星期后，终于慢慢见了成效，儿子的房间比过去整洁了，而且整洁多了！

传统的劝说技巧好像简单并且立竿见影，但往往无法真正说服他们。对于家庭成员，我们应该更用心一些。

基于“好”的事情

想一想，如果你可以着眼于家人“好”的方面，生活将变成怎样一番不同的景象？所有家庭，由于这样或那样的原因，都会渐渐产生惰性。一开始，这种懒惰并非什么重大问题，但是当家庭生活因此而出现诸多状况时，你再想去摒除惰性，就已经太迟了。

我见过一些朋友，他们身为人父，在可爱的孩子身上花费的精力却极少，远不及他们对工作和生意的付出；身为人妻，关心自己升职远胜于关心自己的伴侣；身为丈夫，只在意自己的面子和自尊，其他事情都可以置之不理。

家庭生活容易使人产生惰性，大家却往往无法看清它的杀伤力，当我们发现的时候，一切可能都为时已晚。与朋友相比，家人能够更快地相互原谅；与同事相比，家人可以包容彼此更多的缺点；家人更容易忍受彼此的过失，并为之寻找借口。

面对现实吧，其实我们可以成为更合格的家庭成员。

以下 10 件事将使你的家庭关系更加融洽。你可以这样跟各位家庭成员互动。

1. **跟你的伴侣约会：**刚认识他 / 她的时候，你在两人关系中投入了多少努力？准备约会前，你会用多久准备？你准时到场，容光焕发，你制造惊喜，你关心对方，真心关切对方的感受。你不吝啬赞美，总是看到对方身上的“好”。你能让多少个这样的美好昨日重现？

2. **为父母 / 祖父母录像：** 我最近开始在父母讲述过去经历的时候，为他们录像。你会发现很多你过去不知道的事情，也会唤起许多被遗忘的、美好的回忆。你的手机可以轻松地记录这些精彩的故事，留到日后慢慢回味。
3. **一起用餐：** 很多家庭不在一起吃饭，真是天大的遗憾。一起吃饭，是家人分享一天收获、互表关心的最佳时刻。
4. **和孩子们“约会”：** 如果你有孩子，就抽出时间来和他们一对一地相处。在女儿很小的时候，我会带她去一家豪华餐厅吃饭，那时的她个子很矮，坐在椅子上只比餐桌高一点点！到现在，我还记得当时她那可爱的样子和那温馨的场景。
5. **父亲和儿子的“男子汉节”：** 当然，母亲跟女儿也可以来一个“女孩儿节”。但是，我是个父亲，所以特别钟爱与儿子共享的一天，尽情展示男子汉气概。
6. **花更多时间与上年纪的亲戚相处：** 过去，提到拜访年纪大的亲戚的时候，我常说自己没那么多时间。如果你也曾这么做，现在就请你看看自己如何能分配一些时间去探望那些年迈的亲人。

7. **用心挑选礼物**：很多人不知道该送给家人什么礼物，最后往往是购物券，或者直接写张支票。如果你经常告诉自己“我不知道该送些什么礼物”，那么你的思路也会受到很大局限。试着问问自己：“送他 / 她什么样的礼物才能代表我的心意呢？”
8. **时常相聚**：除了自己的小家庭外，跟其他家庭成员也要保持联络，经常进行家庭聚会。我敢说，除了婚礼、葬礼之外，整个大家庭的相聚，也只有依靠平时的聚会了。
9. **为兄弟姐妹收集纪念品**：作为兄弟姐妹中的一员，你了解他们的童年。这种特权，赋予你独一无二的机会，你可以制作一个“记忆宝盒”“童年剪贴本”或者一个影集，里面装满专属于你们的共同记忆。
10. **告诉家人，你多么地爱他们**：如果你平日里不擅长说“我爱你”，那么对家人说出这句话可能会让你觉得不习惯。但是，我在前文提到过，哪有人会不愿意听“我爱你”这三个字呢？所以，你还是要把它说出口。

认知 14

面对朋友、爱人、家人的逝去——放下执念，学会接受与怀念

这是生命中无法逃避的必修课。我相信，“反向思考”技巧可以帮你顺利度过那些伤痛时刻。实际上，当悲痛降临时，很多人会下意识地让自己“反向思考”。我们想起逝者留下的珍贵记忆，我们聚在一起，深表哀悼和关切。

在悼念过程中，许多人感到愧疚。因为他们很久都没来探望过他了；有很多想说的话没来得及说；或者后悔自己没能在逝者生前为彼此的友情、爱情或亲情做出更多奉献。

悲痛是自然的、正常的阶段。一些人面对朋友、爱人、家人的逝去，表现得很坚强，拒绝表现出伤心，或者通过其他途径疏导伤痛。我们的悲痛一般分为三个阶段。

第一阶段：震惊。面对朋友、爱人、家人的逝去，人们会感到震惊，不愿相信噩耗。这种情绪可以持续几小时、几天，甚至几个星期。在这个阶段，在某些情感催化剂的作用下，悲伤一波又一波地袭来。如果逝者是特别亲近的人，当事人可能

都没有时间真正进行哀悼，他们需要安排后事、接待来访者。这时请你告诉大家，自己需要时间，想一个人静静地哀悼。

第二阶段：质疑。在这个阶段，失落感极为强烈，而自己对这种情绪却束手无策。有人食不下咽、夜不能寐，苦苦追问为什么自己会失去至亲，拒绝一切社交活动，感到内疚，对别人拥有的幸福表现出愤怒与不满。当你感觉自己想“与世隔绝”的时候，请主动向大家寻求支持和帮助。

第三阶段：接受。逐渐接受现实是当事人开始处理困境的表现。每个情绪阶段都需要一定时间。但是，你可以采取一些措施，让自己更快地到达“接受”阶段。

- 表达自己的情绪，让自己哭出来。
- 允许自己感受痛苦与失落。
- 寻求帮助。身边有很多人想帮你，让他们来帮你吧。
- 保持你的生活规律。保留安全感、维持正常生活非常重要。
- 经历心痛时，告诉自己，这是人类的正常体验而已。
- 保持健康，好好照顾自己，避免过度放纵。
- 不要为了那些自己说过、做过或者尚未说过、做过的事而自责，学会原谅自己。
- 让自己在哀伤的过程中休息一下。体验 24 小时全日无休的痛苦，并不能帮你从中解脱。
- 为将来的周年纪念日和特殊节日作准备。想好自己在没有这个人陪伴的情况下应该做些什么，或者怀念些什么。

对于一本充满阳光和快乐的书而言，探讨有关死亡的话题，的确让我觉得为难。但是，我意识到自己必须提早教会大家处理这些问题的方法，这样才会使我们真正遇到类似的困境时从容面对。

面对亲情、友情、爱情时，我们可以努力让关系更加和谐、更加融洽，收获美好的感情；也可以无所作为，看着感情不断走下坡路。希望我已经帮助大家意识到了做出选择的重要性。

家人和朋友圈定义了你是怎样的人，也决定了你会成为怎样的人。

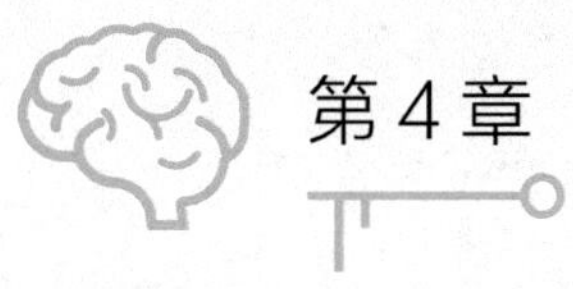

第 4 章

反向思考让你的身心更健康

快把不健康的生活方式戒掉，立刻！马上！

在开始讲解本章内容前，我需要澄清几个事实：

- 我不是医生；
- 我没有其他医疗保健方面的专业证书；
- 关于健康问题，我并非无所不知；
- 我也经常为自己的体重而纠结；
- 我不知道本章的方法为何特别奏效，但它们的确效果显著。

我现在感觉自己身体特别健康、心情无比舒畅，这都是因为我采用了菲奥娜·埃里斯博士（Dr. Fiona Ellis）的简单哲学：

健康思维、健康饮食、健康运动！

健康与健康维护是人类社会最庞大、最复杂的领域。古往今来，大量的金钱用于病患看护、新药和新疗法的开发、病因病理的研究以及疾病防治。人类在健康医疗方面每年都要消耗数十亿英镑的成本。

如果人们可以戒掉不健康的行为，大家都会变得更加健康，社会也会变得更加健康。

本章将挑战人们关于健康的一些常见思维，并同大家分享我在寻求旺盛精力过程中的惊喜发现。

你的自我感觉如何

你正在阅读本书的此时此刻，能描述一下你的自我感觉吗？想象自己站在镜子前，注视着自己，现在感觉如何？接下来，想象自己站在体重秤上，现在感觉如何？大多数人在上述两种情形下，会把自己的感受与自身健康紧密相连。也就是说，形象和体重直接影响着你对健康的自信。

许多文章都曾告诉过我们为何形象和体重可用来判断自己的健康状况，所以在这里不做赘述。我只想在这里告诉各位，如何对自己的形象和健康时刻保持良好的感觉。

认知15 松弛感的前提是身体完全放松

健身狂热者，你们准备好了吗？预——备——开始！

等一下，慢慢来，深呼吸，放松。如果你以为我要安排一个月的马拉松健身项目，那你就错了。这里是在学习“反向思考”，我们通常不按常理出牌。

我一直坚定地支持一个观点：如果你想拥有健康的身体，首先要拥有健康的思维方式。现在来和我们一起建立健康的生活方式吧，从内心开始修炼健康。

放松运动与马拉松类似的一点是，它们都需要努力与决心。很多人把看电视、发呆、懒洋洋的状态同“放松”联系在一起。然而，有这样一个地方，你可以在那里进行放松运动，却不需要太多辅助，就能得到完美的松弛状态。

我所说的，不是一般的放松，而是“彻底放松”。你可以在这个神奇的地方，让自己获得健康与活力。利用这种方法，你更能够自觉地去做那些需要为健康做的事，你可以找到时间来实施健康方案，过程中的一点一滴都会令你感到欣喜。

如何彻底放松

1. 找出 15 分钟时间，你可以做到的。比如，不看新闻、提前起床 15 分钟、躲开一次无聊的会议。如果你想挤出时间，你总能找到那宝贵的 15 分钟。
2. 找到一个你不会被打扰的地方。电话关机，或让孩子去午睡。总之那里应有一个安静的环境。
3. 如果你不适应过于安静的环境，可以播放舒缓的音乐。这里推荐由我演奏的“怀特岛”专辑，不错的选择哦！开个玩笑！
4. 坐起来。如果你躺着，大脑可能会告诉你该小睡了。小睡一会儿可以让你放松，但是那不是我们要的彻底放松的状态。
5. 深呼吸几次，闭上双眼。
6. 专注于自己的呼吸，缓慢、放松地呼吸。
7. 你已开始逐渐放松，想一些能让你放松的事物，在头脑中想象那些形象和声音。
8. 随着放松逐步升级，认真体会这种深层放松状态。
9. 当思维出现干扰时，平静地接纳头脑中的想象，然后让它重新回到让你放松的事物上。
10. 放松下来后，抓紧时机在心中勾勒出健康的状态，想象自己做出正确的决定，变得积极、健美、活力充沛。

11. 估计快到 15 分钟时，轻轻地从 1 数到 5，感受自己逐渐被唤醒。

12. 数到 5 的时候，张开双眼，伸展身体，体会深度自我放松状态营造的奇妙感受。

“彻底放松”需要自律和练习，其效果显著。很多事，我们明明知道应该做，却常常找不出时间来做。彻底放松也是如此。仔细想想，如果你少看一点儿重复滚动的新闻，或者抛下那些无聊的电视剧，你就有放松的时间了。

彻底放松是健康与活力的重要基础。

放松过后，该跑步了吗？其实可以不用跑步，只要让你的心率加快就可以了。我们都知道，这对健康很有好处。但是你知道吗，伸展运动同样对身体健康起着关键性的作用？

每周坚持做几次伸展运动，你将有所收获：

- 强化肌肉；
- 提高身体协调性；
- 扩大肢体伸展范围；
- 改善血液循环；
- 润滑关节；
- 大幅提高体力。

伸展运动基本上不受地点的限制，你几乎可以在任何地方进行，特别省钱！另外，伸展运动可以借助很多形式进行。你可以参加瑜伽课程变成伸展专家；也可以在卧室地板上轻柔地舒展身体。

所以，你不需要跑步或者加入健身俱乐部，不用花很多钱就可以更健康、更快乐。

认知 16 丢掉完美身材的挑剔标准，让自己感觉良好

对自己身材的不自信会造成很多人的焦虑和沮丧。我读过不少有关身材形象的文章，我很清楚那些在杂志封面上展示健美身材的男士只是凤毛麟角；然而，每当我在镜前看到自己的身影时，还是会忍不住挑剔自己的身材。你面临的真正挑战在于，站在镜子前你关注的到底是什么？没错，我们只会看到自己身材的缺点。

所以，请向自己发出挑战。当你身穿生日礼服照镜子时，先找出自己身材方面的 3 个优点。即便你原本感觉自己的身材一无是处，也要尽力找到至少 3 个优点。这是保持健康心态时

非常重要的步骤。

找到自己身材的优点。

反向思考的智慧

除非你学会欣赏自己的身材，否则你永远无法达到完全健康的状态。

有人会问，学习了放松和寻找优点后，现在是不是该跑步了。

如果你有力气，当然可以去跑一跑。

认知 17

丢掉“半途而废”与“疲劳”思维，避免健身计划止步于第一周

那些坚持早起跑步 8 千米的人，他们的惊人毅力一定会让你觉得既钦佩又挫败。千万别跟我们说你能坚持每天跑 8 千米，除非你可以告诉我们一种能让每个人都坚持下来的办法。

大多数人在开始一个健身计划时都会这样做：下定决心健美塑身——这次一定要成功；周末，他们开始跑步，感觉良好；加入健身俱乐部，做了体格测试，制订健身计划，告诉自己这次一定能成功。

周二，工作太忙，所以没去跑步。周三，事情太多，又没去……最后突然发现自己一个礼拜都没去健身房了。只能重新开始。他们对自己意志力薄弱感到羞愧、懊恼，最终放弃了整个计划。

在这个过程中，关键在于我们要为将来可能退却的热情提前做好规划和准备。通常“忙碌的工作”就是健身热情消失的转折点。每次都好像是在潜意识里程式化地为自己的逃避寻找借口。任何理由出现在眼前，都会正中下怀，于是你抓住这个

理由，去合理化自己的缺席。你的潜意识让退却和放弃乘虚而入，然后告诉自己“下一次一定会成功”。

想要这次健身计划成功，获得与以往不同的结果，你需要采取与以往不同的思维方式。

以下 7 个技巧会助你健身成功。

1. 写下你的健身目标，每天早晚各看一次，在练习“彻底放松”时想象自己已经达成目标。
2. 练习“真实意愿”。如果你一周最多只能坚持 3 天健身，就不要跟自己说“我一周要去 5 次健身房”。我们应只对自己能够完成的任务量做出承诺。
3. 让承诺视觉化。如果你想坚持运动，那么跑鞋就应该放在门口，或者直接穿在脚上。把手写的健身目标放在钱包里。备好健身行头，时刻准备开动。
4. 把健身计划视为重要事务，写在你的日程安排里。把每次的锻炼收获都写在墙上的计划表中。
5. 如果条件允许，你可以雇一个健身教练，好的教练才能保障训练效果。如果教练收了钱，却只在那里一边翻看健美杂志，一边数着动作完成数，你绝对无法获得想要的身材。认真观察协助你训练的人，如果他们自己看起来就很臃肿、懈怠，你完全有理由质疑：我凭什么要听这样一个人提供的健身建议？
6. 设立奖惩机制。一定要有能够让你真正获得激励的措施；也一定要有行之有效的惩戒办法。

7. 在你的字典中删除“疲劳”这个词。把它换成其他说法，比如，“我有力气，可以再多做一会儿！”或者“我需要再加把劲儿！”

在妨碍你坚持锻炼的众多原因中，相信自己“很累”是排名第一的；其次是觉得自己“没有时间”。因此，在日程安排中明确规定健身时间是至关重要的。

另外，人们认为减肥和健身需要每天耗费好几个小时。事实并非如此。保罗·莫特（Paul Mort）和他的“精准塑身”项目彻底改变了我以往的观点。他问我：“迈克尔，你每天健身需要多长时间？”我回答：“要看具体情况而定。”如果在家，我会有充裕的时间；如果出差，时间就很紧张。这想法本身就是自我局限，不是吗？

保罗的方法彻底颠覆了我“出差时没时间健身”的习惯。他向我展示了一套 5 分钟“燃脂运动”，不需要任何器械，在宾馆房间里也可以完成。然后他略带讽刺地问，这样你是否能在“百忙之中”挤出一点儿时间健身呢？

“疲劳”其实是一种思维状态。

无论多么疲劳，在 99.9% 的情况下，你的身体仍然能分配足够的能量，进行一次像样的健身运动。

相信我，运动后的身体仿佛能够提供更多的能量。

激发身体活力

丢弃“疲惫不堪”，立即变身“精力充沛”：

1. 相信“疲倦”只是思维状态，并非身体状态；
2. 改变语言表达，杜绝使用“疲倦”一词，告诉自己“如果我有更多能量就能够完成”；
3. 动一动，哪怕只是站起身来；
4. 喝点儿水；
5. 穿好运动服——当你为健身准备就绪后，你自然会感觉更有活力；
6. 告诉自己一切会循序渐进，先坚持 5 分钟、10 分钟的锻炼，你会逐步看到身体的变化；
7. 马上开始行动！

认知18 速效方法——建立“健康思维”

我们已经启动了健康最重要的一环——健康思维，已学会如何深度放松和建立自信，并且了解到“疲劳”仅仅是一种思维状态。

接下来，应该怎么做？

我个人认为，接下来是最精彩的部分：引导你燃烧脂肪、健美体魄（我并没有进行严密的医学临床研究，只是想把这些方法跟读者分享，因为它们在我身上发挥了神奇的效果）。

- **不拘泥于形式，现在就开始健身：**任何形式都行，只要能马上开始就好。等待健身中心的会员资格审核、一个完美的塑身计划，或者是一项量身定制的基础代谢改善方案，这些都是你不断拖延，不想运动的借口。
- **方案多样化：**我曾经遇到一位 80 岁的老先生，他可以做 200 个俯卧撑，而俯卧撑是他唯一的健身项目。你可能会遇到一些所谓的“专家”，宣称他们的方法是最有效的。然而，我认为你应当尝试各种运动项目，然后找到自己喜欢的、效果不错的，来进行组合训练。

通常我会在一个星期的健身运动中这样安排：1 次 10 千米、1 次 3 千米、1 ~ 2 次达维娜・迈克考（Davina McCall）的健身节目光盘（效果神奇，是我的最爱）、2 ~ 3 次保罗・莫特的“家庭燃脂常规动作”（如果有大段时间，我会跟着做 30 ~ 45 分钟的动作组合；如果时间仓促，我就只做 5 分钟的组合）。

- **寻找健身伙伴：**我的健身伙伴是我的太太，我们互相激励。如果你想偷懒一天，健身伙伴可不会答应，也许还会狠狠惩罚你的懒惰。
- **注意伸展：**我过去不喜欢做伸展运动，认为是在浪费时间。随着我的身材愈发健美，肌肉也随之增长，但我却越来越容易受到运动的伤害。学习了恰当的伸展运动后，这一状况便得以改善。
- **练习姿态：**好的姿态可以改善身体的很多状态。去咨询一下骨科医生或者脊柱按摩师，你就会知道其中的原因。
- **喝足够的水：**起床后就开始饮水，每天在下午茶前喝足 1.5 升白水。在缺水状态下运动，反而会给身体造成更多的压力和疲劳。
- **食物发挥着 80% 的作用：**在我们反复强调运动带来的好处时，同时也要注意，在体重增减方面，饮食发挥着 80% 的作用。这数据真可恨！说到底，我们还是要注意饮食。

反向思考的智慧

无论我们的时间多么紧张，都能挤出时间来吃饭，却找不到时间来运动，这很有意思吧？

认知 19

丢掉自怨自艾，正视疾病

你觉得自己很健康吗？很好。现在，请想象当自己生病时应该怎么做。

如果不生病，我们也不会知道健康有多宝贵。有些人总是身体健康、精神抖擞；另一些人却总是病恹恹的。这是否反映了不同的思维状态呢？如果你总是觉得自己有病，会不会最终弄假成真？

有些人总是特别受到疾病的青睐；一些人不喜欢疾病，却在不断考虑疾病问题的过程中患病。你是否同意这种说法？

多年前，为了证实这个理论，我和几个朋友曾经把一位同事当作试验对象，对其进行测试。当时这样捉弄她，现在想起来觉得很羞愧。那时，我们设想，如果有人不停地告诉一个人，其看起来像是生病了，那么这个人最终就会真的生病。

很简单，每个人都会跟她说，她今天看起来气色不好。如果她有所回应，我们就跟她讲一些令人生厌的故事，比如，办公室的蟑螂横行。办公室前台会先问她："你感觉好些了吗？"试验对象尚未感觉身体不适，前台就这样发问，真是神来之笔，天才！在接下来的 1 个小时里，有人说她脸色不好，有人问她身体还好吗，很多人都抛出了“难受”“疾病”“不舒服”等词汇。一个同事甚至摸了摸她的额头，说她一定是发烧了。

结果，午饭前，试验对象就请病假回家休息了，看起来脸色苍白，高烧 40 度。

如果别人可以用这样的方法让你感觉不适，你是否也可以用同样的方式让自己健康起来呢？

你一定要回答：“是的，我可以！”

一个朋友身患重感冒，但是她不认同这种说法，而是告诉自己：“这是我的身体在进行大扫除。”我特别赞赏她的态度和反应。不知道她是否因为知道一些医学理论才这么说，但是她的话很有道理。感冒了，你会流鼻涕，不停咳嗽，身体仿佛经历了一场中世纪酷刑。但你的身体其实是在排毒，清理掉那些在体内捣乱的垃圾。

我很幸运，身体一直健康。每当有人讨论疾病和亚健康时，我都会对自己说：“我一直很健康！”并且至少重复 3 遍。我的潜意识和免疫系统接收到这条信息后，会按照这个指令运转。

“我一直很健康！”

“我一直很健康！”

“我一直很健康！”

如果你真的生病了怎么办？很多人相信生病时，只能耐心等待药物发挥疗效。我认为大家应当积极行动，承担让自己康复起来的责任（至少可以让自己感觉好受一些），尽快让自己好起来。

如果希望自己早日康复，你可以试试以下几个办法。

- **听从自己身体传递的信息：**如果你感觉身体需要补充什么，那么你就去吃什么。如果身体告诉你不需要任何东西，请一定不要强迫自己进食。有时，身体需要休养生息，告诉你需要禁食。但是，家人朋友看见你这样会开始担心，想方设法让你吃东西，结果只会加重病情。其实你的身体只需要补充水分而已。所以，要听从身体的指令，相信直觉。
- **丢弃负面情绪，停止忧虑：**我知道，做到这一点很难，特别是当病魔缠身的时候。但是，如果你抱着负面情绪和忧虑不放，疾病就会抱着你不放。
- **对疼痛与副作用不要有所预期：**由于法律条文规定制药厂必须写明可能出现的副作用，所以药物说明书上都有副作用列表。科学研究表明，如果患者知晓潜在的副作用，则有更大可能受到副作用影响。这个调查结果很有趣吧。这正是我们那聪明的大脑的运作方式。所以，我们可以充分运用大脑的这一功能，翻转它的作用效果。告诉自己："那些副作用对我无效。"
- **接受改变的可能性：**有人认为他们将终生与痛苦和疾病为

伴。身体细胞每分钟都在进行更新和再生，所以请给自己身体一次改变的机会。身体会好起来，心情会好起来——接受这一切的可能性。

- **专注于“越来越好”：**这个道理很简单，但是很多人生病时只考虑疾病本身，这样只会延长病痛。如果你肯专注于“好起来”，你就会更快地恢复健康。
- **相信治疗方案：**无数研究表明，当患者相信治疗方案时，治疗才会收到最佳疗效。如果你相信自己的身体可以对必须接受的治疗产生良性反应，那么身体就会这么做。
- **关注那些给你力量的事物：**生病时，你需要把身体能量集中在恢复健康上。因此，你可以让自己多多关注那些赋予你正能量的事物。当你卧床休息时，可以想象自己在户外运动，享受着新鲜空气，正在轻松度假，活力无限。
- **自我控制：**很多人都曾表示病痛时好像无法掌控自己。许多白领“专业人士”在工作中无所不知，但是当疾病来袭时，事情变得超出他们的知识范围，他们会觉得不好意思、犹豫不决，不肯寻求帮助。

  别忘了，我们自己的健康才是最重要的。不用担心会被别人厌恶或取笑。该问就问，充分了解现在的身体状况，然后做出明智的决定。实际上，你知道什么是对自己最有好处的。
- **忘记疼痛：**这个很难做到。如果疼痛出现在身体的某个部位，尝试把注意力转移到没有任何疼痛的其他部位，使注意力从源头转移开可以大大减轻你的痛苦。

- **想象自己拥有强大的免疫系统：**在头脑中描绘一幅画面，想象身体把所有感染挡在了门外，自己体格越来越强壮。你也可以转向微观世界，看到狡猾的病毒细胞被彻底歼灭，疾病被一扫而空。然后，身体筑造了一个坚固的堡垒，抵御一切外来入侵。或者你可以设想自己是一台电脑，已经下载了最强大的防毒软件。
- **不要假想自己是病人：**说回那个称“感冒”为“身体大扫除”的朋友。她不认为自己是个病人，而是相信身体正在为日后的健康排毒。运用这种思维，她很快就好了起来。
- **思想的力量可以很强大：**我们的思维很奇妙，有时会彻底把你迷惑。有人会把小小的刺痛想象成不治之症。让病痛如此“升级”，会严重阻碍你康复的步伐。

  “男士小感冒”（Man Flu）是思维强大力量的经典例证。有人会让小感冒在自己的意识里逐渐升级，最终演变成濒临死亡的痛苦。当英超球员在禁区内被对方球员绊倒时，他就会把疼痛放大到极点，像一位演员获得了奥斯卡奖一样激动挥泪。道理很简单，如果你把感觉放大，你就能得到更强烈的痛感。
- **关注积极面：**当你生病时，什么事情是积极的呢？你躺在温暖的被窝里，身边的人悉心照料，你可以一天不用上班，在家养病。无论多么难找，也要寻求积极的一面，这些事情可以帮你重新振作，祝你快点恢复。提醒大家，当你身体健康时，不要总想着生病会带来的好处。

- **改变话语：**本书开头介绍了话语的力量。如果你持续告诉自己和他人，你感觉不舒服，那么你就会出现难受的状态。你其实应该对自己说，“我会好起来”“我正在努力迈向康复的目标”——这些话才会帮你获得更好的结果。
- **赞美自己：**“我做得很好！”“自己看起来不错！”“真幸运！我是个快乐的人！”“我现在感觉很好，而且一天比一天好。”你总可以找到无数赞美之词，而不是对着镜子说自己“看起来一塌糊涂”。
- **期待最好的结果：**萨曼莎看过全科医生后说：“大夫说我需要卧床休息，一周以后才能好起来。”一星期后，她果然好了。我在想，如果大夫说她只需要休息一两天，那么她会躺在床上多久？

  西蒙是我儿时的伙伴，他曾被医生宣判活不过十几岁。但是他在平安度过了 15 岁生日后，又迎来了 20 岁生日。前不久，他又庆祝了自己的 40 岁生日。西蒙总是期待最好的结果。
- **微笑：**你微笑时，会向大脑传递一个非常明确的信号——一切都很好。然后，大脑会释放快乐激素（内啡肽）。作为神经递质，这些化学物质让你更容易保持微笑和愉快；因为你的微笑和愉悦，大脑反过来就会释放更多的内啡肽——形成良性循环。不要等待让你微笑的理由，现在就微笑吧。

丢掉过度担心，积极寻找各种保持健康的方法

我有一个在健康机构工作的朋友马克·塔夫曾说："头疼绝不是因为阿司匹林不足造成的。"他说得对。我们现在想的是："我身体不舒服，需要什么东西来医治这个毛病。"制药业是全球最赚钱的行业之一，因为我们都想自己的健康问题得到解决。

头痛也许是身体缺水的警告！

下次头疼时，请在找药之前，先饮用一大杯水。如果你经常感到头疼，试着减少咖啡因的摄入，大量增加饮水。

在寻找治疗消化不良的方法的过程中，我有个奇妙的发现。我曾经每天都要经历消化不良的痛苦，也吃过各种消化药。直到有一天我彻底颠覆了过去的做法，反其道而行，喝下一大口苹果醋。你可能和我过去想的一样，消化不良无论如何也不能喝苹果醋啊！

需要再次声明，我不是医生，也没有医疗保健的从业资格，这些观点和做法都是经过我亲身实践后的个人分享。如果你有消化不良、胃部反酸、“烧心”等症状，不妨试着喝一点儿苹果醋。我的经验是，你之前的痛苦会立即消失。

我有个简单的理论来解释这一现象：你的胃部释放多余的胃酸，是想消化刚才你吃下的大量食物，当你喝下苹果醋的一瞬间，胃就会感觉到酸性物质已经足够多，不需要再释放胃酸了，于是它就会立即停工。

从那以后，我还发现了苹果醋的其他健康功效，读者可以在生活中不断发掘。

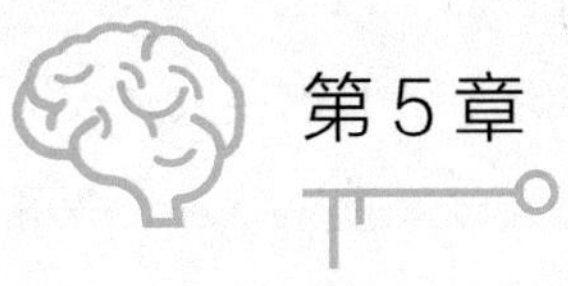

第5章

反向思考赢得财富

快放弃“贪求”与无益的理财观，立刻！马上！

世间有很多指标可以用来衡量成功，不少人把金钱和财富作为衡量标准。尽管我不完全认同这种观点，但是一个人的赚钱能力，的确可以作为衡量成功的标准之一。我需要大家放下自己对金钱的一切偏见，保持开放的心态来阅读本章。一些观点可能有悖常理，但只要你能开放思考，就一定能够理解，并把它们付诸实践。

认知 21 有收入，先存钱

研究那些快乐的富人越久，我就越发意识到，财富积累始于一个简单的思维模式，即“首先支付自己”。

第一次发现这种模式时，我兴奋不已。我当时以为，这就意味着在领到工资后，在各种还款交费之前，首先拿出一部分钱大吃一顿、买几件新衣服，犒劳自己。这种理解其实只对了一半。除此之外，你还要在各种支出之前先为自己存款。月月如此，坚持不懈。

如果你每个月恰好收支相抵，现在你一定在想，“等我涨了工资，再开始存钱。”或者“我把外债还清以后，一定开始存钱。”如果这是你刚才的想法，而且你非常想变得富有，请你立即丢弃这种想法，建立全新的信念。

我绝对相信，大部分收支相抵的人，都可以通过一套简单易行的体系，逐步迈向财富之路。

- **步骤 1**：找到方法，削减开支 10%。
- **步骤 2**：找到适合自己的存款组合。

- 步骤 3：为每月工资设置存款比例（10%是个不错的开始）。
- 步骤 4：每年审核一次存款，看看是否能存更多。
- 步骤 5：存款到期时，把利息也存起来。

很多读者一定会觉得第一步是最大的挑战。大部分人都没有经过良好的理财训练，而过着先消费、再还款的生活。如果在使用信用卡的时候，能控制支出，从而达到自己的消费目标，那么这种提前消费并没有什么问题。但是，在多数情况下，我们会想要更多本来不需要的东西。

反向思考的智慧

你是否意识到“需求”与“贪求”只有一字之差？

当你在可支配支出的账户里只存 1 块钱时，会惊讶地发现自己几乎什么都不会买。

有很多方式可以帮你节省出工资的 10%。比如，选择价格便宜的品牌，减少去饭店的次数，认真检查收据小票是否误打了收费项目，推迟假期，自备午饭便当，等等。你总会有办法的，关键是现在就开始执行。

这些事情可以让你学会“节流”。现在让我们看看应该如何“开源”。开源成功后，你可以存下更多，而不是消费更多。

整理现有资源与自身附加价值，让财富青睐于你

能赚钱的人通常有两种。第一种，开始并没有想过赚钱的问题，金钱只是他们事业的副产品；第二种，设定目标，告诉自己需要赚多少钱，然后实现目标。你可以选择任何一种，但是必须做出选择。

大部分人对于自己想赚多少钱，并没有任何想法，也不会写下一个明确的目标。巧合的是，大部分人都认为自己赚得不够多！

可悲的是，很多人在对待金钱的这个问题上都有一种被误导的理念，他们认为生活对自己不公平；如果可以赚到更多钱，自己就可以做得更好，所以他们寄望于中大奖。这想法听起来很熟悉吧。如果你曾经这么想过，那么现在最好坐下来听听我带来的“坏消息”——中大奖，那几乎是不可能发生的事情。

又到清除杂念、反向思考的时间了，我们要常问自己一些更具启发性的问题。举 3 个例子。

- 现在如何能赚更多的钱？
- 如何提高自身的附加价值？
- 我有哪些社会资源？

当你审视资源时，就会惊喜发现，有很多资源可以为自己所用。以下是一个社会资源审计表，现在请在自己拥有的资源后面画对号。

- 我使用电脑上网；
- 我有 10 个以上的朋友；
- 我可以更努力地工作；
- 我可以更有创意；
- 我每星期看电视超过 4 小时；
- 我会手工制作；
- 我有自己的通勤工具；
- 我拥有开放式思维；
- 我已准备好更加勤奋努力；
- 我有 50 英镑可以用于再培训和教育。

以上描述中，有哪些符合你的现状？

很好，到这里我们已经完成了最重要的一步。在你赚到更多以前，必须让“我有能力赚得更多”的想法深深扎根于你的大脑中。

如果你已勾选完，你就会看到自己拥有哪些资源（当然，你可以添加其他资源）。现在，请你活动筋骨，准备在赚钱方面大展拳脚。

在赚钱之前需要明确一点：对于一些人来说，多赚的这部分钱，是用来减轻债务负担，或者让自己生活得更丰富；对于另一群人来说，也可能意味着维持温饱。现在就写下来，在未来 12 个月内，自己需要比过去多赚多少钱。

你现在拥有的财富取决于你对财富的预期。目标不够远大，你就注定会碌碌无为。关注你所拥有的资源、自身的附加价值，还有能够让你赚钱的各种途径，只有如此，财富才会对你青睐。

接下来要看你的实际行动了。人人都知道，赚钱不能只是空谈。

认知23 减少债务，无债一身轻

欠钱怎么会是件好事？欠钱通常只会让你压力大增，疲惫不堪，给健康、工作和人际关系带来挑战。理想状态是你欠钱不太多，可以轻松解决债务问题。但是现实与理想总有很大差异。

很多人都身负债务，而且担子不轻。如果你是其中一员，希望“反向思考”的理念可以对你有所帮助。这部分篇幅较短，提出了一些简单观点；更多的方法与技巧可以在许多专业书籍或咨询中心获取。现在，我们用“水”来打比方，看看该如何处理债务问题。

- **步骤1：财来财去。**相信金钱是一股流动的能量，会在你的生命中进进出出、来来回回，如同水流一般。你面临的主要问题是，这股水流总是来得太慢，走得太快。
- **步骤2：修建堤坝。**建造堤坝是为了稳固财富。当然现实中总会有一些水流从中溜走，因此你需要填堵缺口，防止财富外泄。这需要你对自己拥有的财富及其现状了如指掌，并且能够制定合理的规划；同时也意味着，你不能浪费金钱。在英国，每人每年因为“冲动消费”平均损失 4 000 英镑。这些都是值得消化的精神食粮，完全能够取代你想买的巧克力吧——你又可以省钱了。

- **步骤 3：相信“钱”可以流动。**造成债台高筑的原因之一是财富停止了流动。因此，我们首先要相信会有更多的钱流进来，相信自己一定能够得到。思维模式是关键因素。
- **步骤 4：清偿小额债务。**有一个玻璃杯、一个水桶、一个浴缸需要你分别装满，你会先选择哪个？对，当然是先装玻璃杯。清偿小额债务，你会很快有阶段性胜利的喜悦，这股推动力会加速你还债的脚步。
- **步骤 5：做笔记。**为还债过程中的每个阶段作记录，写下自己的还债方式和感受。这个笔记可在你日后激励自己坚持，回头阅读自己的心路历程，你会惊讶地发现自己居然能在短时间内偿还这么多债务。
- **步骤 6：让财富伴随自己。**水无处不在，我们却必须花钱去买。为什么？因为那些控制水源的人掌控一切。在你还清债务后，也需要考虑如何让自己成为一个控制水源的人。

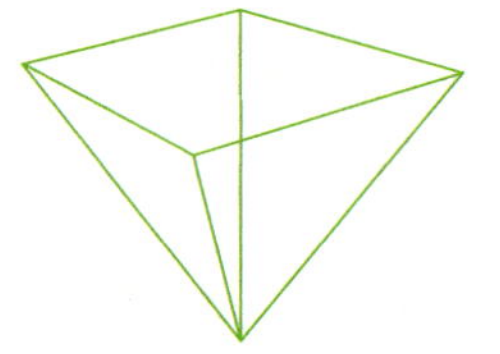

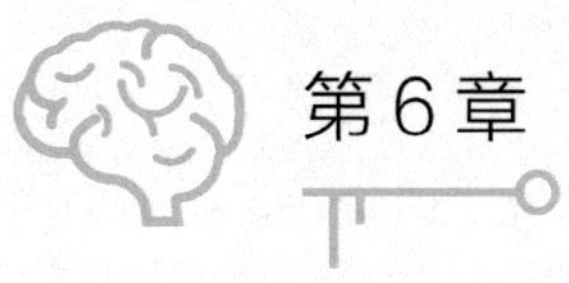

反向思考的人先享受成功

快将挡在机遇面前那“一叶障目”的理念从脑中拔除，立刻！马上！

衡量成功的标准有千千万。本章将带领大家在一些看似“不可能”的地方发现成功。

人们经常掩饰自己的“缺点”，希望没人能够发现。其实换个角度缺点也会变得可爱。“反向思考”理论建议，整理内心的焦躁、混沌，丢弃不成熟的成功观，用全新视角看待自己的缺点，它们甚至可以成为你成功的秘诀。

丢掉固有看法，将“缺点”转化为“优点”

你有没有一些小毛病？太高？太矮？太胖？太瘦？没准儿你还会觉得自己太老或太年轻，甚至认为自己的门牙难看之极。

想要学习如何充分利用这些“缺点”，你不但需要转换心境，让自己对这些缺陷产生更美好的感情，而且必须认识到自己的缺点或怪癖完全可以成为独树一帜的特色。

我面试过一个身材高大的小伙子。他曾经是一位半职业的篮球运动员，身高 2 米多，样貌出众。他知道自己的篮球事业在未来会受到诸多局限，因此想开始尝试销售工作。他进屋时表现得就好像在为自己的身高感到抱歉。

过了一会儿，他的言语里开始透露出自己身高会给销售工作带来困扰的担心。我便说：“完全不会。其实，身高是你的优势。你的身高甚至可以帮助你打开话题。”我向他建议：“你可以幽默一点，对别人说：‘在运用迈克尔·赫佩尔的反向思考技巧前，我并不高，只有 1 米 7。’”

当然，这只是个玩笑。我当时只是想让他知道，身高可以成为他的财富，只因为他身在其中，所以无法看清这一优势。他本可以把身高看作成为销售人员的重要砝码；很可惜，他却只看到妨碍和阻滞的一面。

现在就为成功改变心态吧。选出你自认为最糟糕的缺点，问问自己应如何利用它们获得成功？当然，不是每个缺点都能被你变废为宝，但是学会用欣赏的眼光审视，你会惊喜地发现自己心态的转变。

丢掉常规与对多数人意见的服从，不从众

勿踩草坪！好，如果你进去踩一踩，会发生什么？我有一个朋友，只要看到“禁止踩踏”的标识，就会鼓励孩子到草坪上走走。这样的家长是不是有些无视规则？也许是吧。但他有自己的理论：孩子们需要偶尔打破规则，否则他们会感觉自己必须永远按照别人认为“对”的方式来约束自己的行为。

对成功人士的研究让我发现，他们常常会打破常规的禁锢，以获取不一样的成果。我的技巧并非让大家对常规进行 180° 的大逆转；实际上，微小的改动便可以帮助你看到不同的风景。

2005 年 1 月，查德·赫尔利（Chad Hurley）想用电邮把晚餐聚会的视频发送给朋友，结果由于文件太大，邮件被退回。当时，在网站上嵌入视频是一件非常麻烦的事，并且需要与他人共用登录名和密码。于是，赫尔利决定打破常规，创建一个能够轻松上传和观看视频的网站。他的网站逐渐流行起来，赫尔利疯狂的梦想得以起航。不到两年的时间，他成功地把自己的 YouTube 网站以 16.5 亿美元的价格卖给了谷歌（Google）。

有多少事是因为我们害怕违背多数人的意见和打破常规而被放弃的？

反向思考，打破常规

在继续阅读之前，我需要声明一点：打破常规的结果并非都能让你看到新风景，这难以预期；但是我鼓励大家练习冒险，练习打破常规。你可以这样开始：

- 改变固有的时间安排，看看把工作日变成休息日会怎样？
- 一个月不看新闻（尤其是本地新闻）。
- 做菜不看菜谱。
- 招收新员工，不要看心理测试结果，先看面试者是否可爱。

- 不按时完成工作（申请延期 1 天）。
- 当别人都烂醉如泥时，自己滴酒不沾。
- 增加笑容。
- 穿那些不常穿的衣服。
- 到草坪上走走。

反向思考的智慧

打破常规与墨守成规都要付出相应的代价。但是，在恰当的时候适当地打破陈规旧律，你就有机会挖掘到成功的宝藏。

认知
26
丢掉“拖延症”

我是擅长“拖延”这一运动项目的世界级选手。如果奥林匹克运动会有该项目，那么我一定会为英国争得一枚金牌——不是这一届，是下一届奥运会（一个关于“拖延症”的冷笑话）。如果你也同我一样擅长“拖延”，那么你现在就需要卷起袖口，拿起工具，认真地铲除这个害人不浅的“顽疾”了，否则你将一事无成。

使用“反向思考”技巧，我们更容易克服“拖延症”，尽快完成任务，从而获得成功。

第一个工具是“说个小谎”。对于一些读者来说，这个方法太任性不羁，但是请大家一定要按我说的做。这里的说谎，其实是一种善意的谎言。说得恰到好处就会让你充满行动力，并且没人会意识到你在说谎。

事实上，我们在生活中一定这样做过。比如，你说房子已经收拾干净，但事实并非如此，于是你必须尽快赶回家，好好清扫一番。再比如，你对别人说自己已经打完一通重要的电话，但事实也并非如此，于是你后来无论如何也要实现这个打电话的承诺。我们都曾经因为这样的“谎言”而没有退路，只能行动起来去完成任务。

我认为造成拖延的原因，是我们过于重视“拖延”的问题。让我来解释一下，“拖延”一般有如下三种症状：

- 无所事事；
- 做了不该做的事；
- 做了“更重要”的事。

如果你因为“更重要的事”而拖延完成“更紧急的事”，这个决定是绝对正确的。

李察德 · 海明（Richard Hamming）是一位在贝尔实验室工作多年的特级研究员。他总能及时完成任务，获得过无数嘉奖，改变了我们生活的世界。他是个做事高手，却也并非能事无巨细地完成所有事，他建议需要克服“拖延症”的朋友问自己三个简单问题：

1. 这个领域最重要的难题是什么？
2. 你在着手解决这些重大难题吗？
3. 为何不赶紧着力攻坚呢？

这三个问题是让“拖延症”不攻自破的简单公式，你需要反复朗读。不要拖延，现在就把它们好好阅读几遍——请马上这样做！

反向思考的智慧

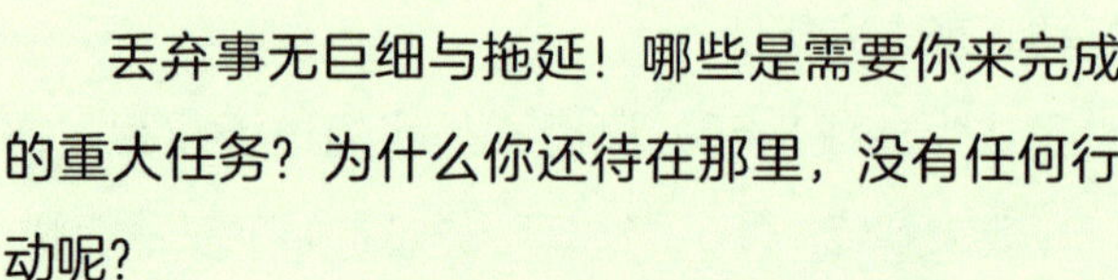

丢弃事无巨细与拖延！哪些是需要你来完成的重大任务？为什么你还待在那里，没有任何行动呢？

让“最后期限”变得更加紧迫

这是另一个摆脱“拖延症”的方法——设定超级紧迫的“最后期限”。戴夫是个优秀的影视制作人。尽管他做事慢吞吞，总是借口自己太忙，抱怨和客户之间的关系；但是他却总能在截止日期前完成影片制作。他经常豪言壮语，说如果有必要的话，他可以将一天 24 个小时的时间都用来工作。

戴夫为我的培训项目做了很多宣传片，了解他的个性后，我就知道该如何跟他打交道了。通常，我会把截止日期提前几天。也就是说，即便片子出现什么问题，也可以在正式的截止日期前得以修改。

戴夫这个人很怪。实际上他知道我提前了截止日期，但是他仍然愿意熬夜加班，一定要在这个“假”的期限前完成工作。为何如此？因为他强烈地希望能够满足客户的需求。

我和戴夫讨论过他的心理状态，并建议他利用这种愿望来激励自己。现在，戴夫问客户：“您需要我们在什么时候制作完成？”对方说：“本月 15 日之前。”他则会回答：“我会尽量在 12 日之前完成。”

如何通过缩短期限来激励自己提早完成任务？

反向思考的智慧

98% 的作家（包括我自己在内）都会在合同约定的截稿日期的最后一天完成手稿。跟自己签订协议，一定要按时完成任务。

认知
27
铲除绊脚石

如果我告诉你，其实我们自身最严重的问题才是我们取得重大成就的关键，你会相信吗？

如果你不相信？我会对你的观点发起挑战。我绝对相信问题和难题是天赐的礼物。问题越多，代表你做的事情越多；问题越大，日后的回报也会越丰厚！

我之前的一位雇主，经常会抛出那句老话：“我们面临的，不是困难，而是机遇。”有时，我会对他的这种说法咬牙切齿，因为我们的确遇到了困难，而他却不承认。他一直坚持自己的观点，有时还会对员工说：“我们拥有的，不是困难，而是解决方案。”

当时我的情绪已经到达临界点。于是向老板指出 3 个主要问题，并质疑这些实实在在的困境怎能被假想成解决方案？他便向我逐一阐述了这些问题可以成为怎样的创新契机，当时的我为之深深折服。

在过去三年间，我会不时进行这样的思维训练。我意识到，作为一个擅长拖延的人，我需要简单、快速、行之有效的方法，我需要一个能够充分运用这种思维的技巧。

于是，“铲除绊脚石”的方法诞生了。

- **步骤 1：认清绊脚石。**绊脚石是阻碍前进、制造麻烦、给你带来窘境的大问题。如果你已经清楚问题所在，就把它写在下面的“绊脚石”一栏中。
- **步骤 2：细化绊脚石。**把它细分成若干具体问题，数量不限。问题越细化，越有利于解决。把具体问题填写在“问题栏”里。
- **步骤 3：填写简要解决方案。**把针对具体问题的简单方案写在“方案栏”里。我们现在不需要知道具体操作方法，只需要对每个问题的解决进行简要记录。
- **步骤 4：看看所有解决方案，想象所有方案都准备就绪。**如果每个方案都能得以实施，结果会怎样？对，绊脚石会土崩瓦解。这就是你需要的决心。把决心写进最后一栏。如果你喜欢制定目标，可以在决心栏下写明完成日期，督促自己按时完成。

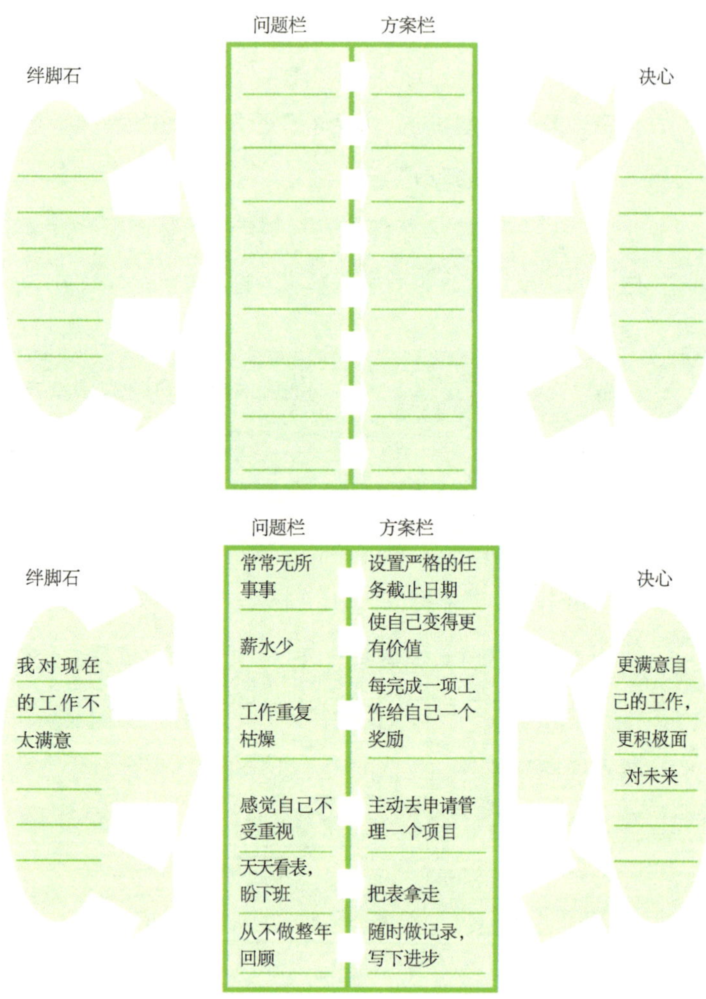
问题栏
方案栏
绊脚石
决心
问题栏
方案栏
绊脚石
我对现在的工作不太满意
常常无所事事
设置严格的任务截止日期
薪水少
使自己变得更有价值
工作重复枯燥
每完成一项工作给自己一个奖励
感觉自己不受重视
主动去申请管理一个项目
天天看表，盼下班
把表拿走
从不做整年回顾
随时做记录，写下进步
决心
更满意自己的工作，更积极面对未来

认知28 拒绝听取坏意见，对负面反馈反向思考

你是否注意到，随着年龄的增长，我们越来越关注自己不能做到的事，而不再关注我们能做到的事。请思考以下现象：擅长画画的人请举手。我问过成千上万的人，但只有 3% 的读者认为自己擅长绘画。

现在，请回想自己 5 岁的时候。学校集会时，校长说："擅长画画的同学，请举手。"当时是一番怎样的景象？没错，差不多所有孩子的手都会高高举起。

我们从 5 岁时到现在到底发生了什么？一个简单的回答就是我们中间经历了 11 岁，是的，一个少年时期。11 岁左右的一天，在一节美术课上，你正在用 2B 铅笔小心临摹着老师精心摆放在讲台前的水果。正当你仔细勾勒着香蕉投在肥美李子上的阴影时，一位同学走到你的身后，指着你的画作大声说："画得太烂了！"

然后，11 岁的你相信了这个同学的评价！

我相信，你一定希望当时的自己能够拥有今日的勇气，来

个“反向思考”，机智地反驳那个同学说：“不，你说错了。这是一幅印象派作品，反映了我的独特视角。”很遗憾，当时的你无力反驳。你看着手中的作业，认同了同学的说法——“画得太烂了！”

在此之前，你的画作会被贴在墙上或冰箱门前，你是会画画的。突然间，所有希望破灭。一旦你感觉自己并不擅长绘画时，你就被自己说服了。于是，每当遇到涉及美术的课程时，你都会说：“我不会画画！”——就连地理课的简单云彩图案和物理课的流程图，你都不知该从何下笔——你的思维模式已被固定。（实际上，我可以向你推荐一个两小时的绘画课程。我曾经看到这位老师教 3000 人画画，其中 2950 人一开始都不相信自己能画画。在老师的指导下，最后有 2995 人相信自己具备了绘画能力。他有一套独特的教学方法，非常有效。）

你可能会说，这种被别人意见所控制的情况只发生在上学的时候，现在的你不会再被别人牵着鼻子走了。真是这样吗？你真能做到吗？其实，当别人给你负面反馈时，你多少还是会信以为真的。你用心记下这些反馈，把它们当作对你个人的评价。

通常，我们会对负面评价采取负面态度。这只会造成“双输”局面。请尝试反向思考，想象当你收到在 Marks &

Spencer 店[①]里购买的礼物时会是什么样的心情。请把这种心态应用在应对负面评价上。

我来具体解释一下。今天是你的生日。叔叔阿姨、兄弟姐妹都在热切地盼望你赶快打开他们为你精心挑选的礼物。你打开一看，一件套头衫舒适地躺在包装盒里，衣服太难看了——颜色、图案、蝙蝠袖，没有一样是你喜欢的。你差一点儿无法保持微笑的一刹那，你看到了衣服的商标是“Marks & Spencer”。突然间，假装微笑变得容易了很多，因为你知道自己多了个选择：你可以把这件礼物退还给商店，并换一件自己喜欢的衣服！

面对“反馈”时，请适当“反向思考”

下次再遇到他人给你“负面反馈”的情形时，请以这样的方式处理：

- 微笑，说声“谢谢”；
- 问对方的反馈之词是否出于真心；
- 等待几分钟；
- 审视负面评价中是否有合理成分；
- 如果你对负面评价做出反应，自己是否可以有所收获。

① 英国最大的零售企业。——译者注

有时，人们不擅长做出反馈，或者他们的反馈只不过是无心之语，也不会考虑负面反馈会给别人带来的伤害和后果。

下次遇到对自己毫无用处的反馈时，要记住，你有权选择。

如果你不想接受这个反馈，那就想象你可以到商店把它换成你自己喜欢的礼物。你不用直接跟对方说：“我不想要这样的礼物。”你可以礼貌地表示感谢，分析这些评价是否对自己有益，最后再选择是否把它们放在心上。

反向思考的智慧

你会见到什么就吃什么吗？不会。所以你也不必听到什么就信什么。

认知29 丢掉“我已放弃”的姿态

最近，我辅导了几位体育界人士。在观看其中一位的比赛录像时，我可以清楚地看出他在某一时刻已经完全气馁并放弃了整场比赛。他会有一些言语、肢体动作和一些特定的身体姿态，透露出他已丧失信心，甚至在最后一声哨响前的很长一段时间里就已放弃了正常比赛。

也许你会抱怨，体育明星收入那么高却在赛场上轻言放弃，实在不应该。但是，你在抱怨他们之前，请先看看自己是否也会经常摆出“放弃比赛”的姿态，并审视这种态度会给你的人生赛事带来怎样的影响。

当人们想要放弃时，总会有些特定的言谈举止透露出玄机。比如，无奈地摇头、愤怒地双臂交叉、口出恶言，等等。

用一点儿时间想一想，当你准备放弃时会摆出哪些姿态？是否有以下的举动？

摇头	扔东西
双臂交叉	发出焦虑、责难的“嘘”声
说“不”	垂头丧气
呼吸急促	大喊大叫
拍打额头	耸肩
拉扯头发	用双手蒙住眼睛
咬牙切齿	转身离开
咒骂	紧抿双唇

换个思路，设想自己在成功的瞬间会有以下哪些动作？

拳头紧握	起身站立
说“是的”	高声呼喊
微笑	翩翩起舞
竖起大拇指	点头
振臂挥拳	嘴角上扬
抬头挺胸	兴奋地左蹦右跳

恭喜你！能够清楚了解自己成功与失败时不同肢体语言的人为数不多，你现在就是其中一员。

当成功来临时，如果你开始重复使用“我放弃”的姿态，那么失意便会接踵而至。此时的状态就像从山顶迅速滚落，你最后会摔得遍体鳞伤。

同理，处于谷底逆境时，你若有意识地重复“成功”的肢体语言，便可以帮助自己渐渐摆脱不利的境地。

准备好自我挑战了吗？下次，当你开始摆出“放弃”的姿态时，马上丢弃这些动作，立刻做出“成功”状态的各种动作。你会对其立竿见影的效果感到惊喜！

集中精力在身体姿态、语言和注意力等方面，你可以具备迅速扭转心境的本领。自己会变得更加高效，成功会越发愿意与你为伍。

丢掉畏难情绪，像“烹饪大象”一样完成艰巨任务

提问：怎样才能吃掉一头大象？

回答：一口一口地吃！

这笑话很老，也不太会令人发笑，却经常被拿来形容如何完成艰巨的任务。

现在让我们与时俱进，增添一些新的思路。

提问：怎样才能吃掉一头大象？

回答：炒着吃，加点儿微辣的咖喱酱，还有一些新鲜的应季时蔬，再来两杯冰镇的长相思白葡萄酒，邀请几个朋友，他们一定都没品尝过炒大象的味道。

请牢记，转换思维，你就可以在任何既定的环境下获得最优成果。因此，如果你的任务是“吃掉一头大象”，那么你

何苦自己一口又一口地咀嚼，而不去邀请朋友们一起享用美食呢？

现在，让我们运用类似方法来完成世上“最令人兴奋”的工作——家务活！

- 步骤 1：列出表格。大型任务被详细分解后好像更容易被完成，这个现象是不是很有意思？另外，每当完成一个细分任务后，你就可以在表格的对应项上画一个大大的对号，那感觉真是不错。
- 步骤 2：建立奖励机制。人们经常说：“我先喝杯茶，然后再开工。”请你不要这样做。吸尘后，再去享用那杯茶。
- 步骤 3：打开音乐。做家务时听音乐可以让你感到轻松许多。打开你的手机，不妨为打扫房间挑选出专门歌曲。

- 步骤 4：使用香氛。房间打扫完毕后，你可以给它增添一点儿香味。蜡的香气可以让书桌看起来更干净，卫生间适当使用除臭剂可以让空气新鲜……你知道，有很多香氛可以派上用场。
- 步骤 5：设定目标时间。如果觉得 3 小时内可以完成所有家务，那就试着提前完成。每提前 10 分钟都要给自己相应的奖励。

任何任务都可以变得易于管理，并让你乐在其中，只要你能够发挥创意，好好“烹饪”这头“大象”，它都可以变成大小适中的美味佳肴。

认知 31 开发你的直觉

当你扔硬币做决定时，会发生什么？从硬币腾空到落地的那段时间里，你的大脑就会千头万绪。在这些思绪中，隐藏着一个你真正想要的结果。

如果我的工作伙伴无法在 A 和 B 间做选择，我会说：“那我们扔硬币决定吧。”正面是 A，背面是 B。然后，我轻弹硬币，让它充分旋转。接着我把硬币扣在手中，迅速询问对方：“你希望是哪一面？”90% 的人都会回答这个问题。于是，我会把硬币直接收进上衣口袋，不让对方看到到底是硬币的哪一面朝上。

当你知道的时候，你就已经选择了。

你知道如何开发这种直觉后，就无须再扔硬币了。

反向思考的智慧

当你可以依靠自己的直觉做决定时，为何还要依赖纯粹的运气呢？

直觉，是一门绝妙的技能，需要你在实践中不断开发。你是否遇到过这样的场景：发生了一件不同寻常的事情，在此之前你就预感到它即将发生。你是怎么知道这一切会发生的？

经验、潜意识，甚至是特异功能，都发挥着一定的作用。问题是，我们通常只在事件发生后才会意识到直觉所传递的信息。想象直觉是自己的合作伙伴，它一直在你身边，只不过它对你说话时使用的是另一种语言；有时这个伙伴甚至不会讲话，跟你打哑谜，默默地搜集线索。因此，你面临的挑战是，如果你无视这些信息和线索，你就永远无法了解直觉想要传递的信息。

认知32 听从可靠的翻译——直觉的安排

现在，请想象有一位微型翻译官，正坐在你的肩膀上对你轻声耳语。你相信她，因为她总能提供明智的建议，你称其为“可靠的翻译”。

你对他们越信任，你就越容易了解自己的直觉，以及直觉向你传递的信号。

以下是开发“可靠翻译”的三种途径。

1. **倾听直觉：**我曾经对一群优秀警员进行过领导力培训。有一天，我们聊起人身安全的话题。我询问一名经验丰富的警官，有什么方法可以很好地保护自身安全。他说：“你走在一条僻静的街道上，如果感觉不够安全，那么你就应当听从直觉，因为直觉通常是正确的，你的确不应该走这里。”这个时候，就是你的直觉在说话。你的眼睛看不到任何直接的威胁，也没有什么符合逻辑的理由让你离开那条街道，但是听从直觉是最明智的选择。

2. **让“可靠翻译”成真：**你信任什么人吗？把肩膀上的翻译官纳入你的信任列表，怎么样？如果你希望听听多方的意见，你就可以同时拥有多位微型翻译官，但是你要充分信任他们中的每一位。下次当你需要与直觉沟通时，闭上双眼，想象自己可以看到肩膀上的那些翻译官，认真倾听他们的声音。

3. **向自己提问：**直觉有时需要一个提示音。把感觉转化为恰当的提问，正确答案就会跃入脑海。你可以问：

- 我为什么会有这样的感觉？
- 下一步应当做什么？
- 怎样处理才能获得最好的效果？
- 哪里是利益各方的共赢点？

如果能写下自己的提问，效果会更好。

开发直觉，你会发现决策变得更加容易，你会相信自己的判断，并且面临的问题也会迎刃而解。

第 7 章

反向思考打开创意之门

快去转化旧有的思维定式，立刻！马上！

关于创意，最令人兴奋的莫过于人们可以通过学习来获得创造力。有创意的人能够获得更多的财富，完成更多的工作，并且成就更辉煌的事业。他们在生活的各个领域都更为出色。因此，本章一定会引起你的兴趣。

你大概已经发现，“反向思考”理念的核心就是舍弃不良的、陈旧的想法，转换思维，获取“创意”，是一种与众不同的思维艺术。本书的精髓就在于扭转思维、突破界限、尝试以新方式完成工作。挑战“传统的智慧”，我喜欢这种想法。

你到底有几分创意？这里有个测试。

1. 喜欢使用颜色。 □
2. 喜欢知道每样东西所在的位置。 □
3. 对于问题除了知晓“正确答案”外，还想了解其他方案。 □
4. 喜欢规定“最后期限”。 □
5. 能够吸取教训。 □
6. 倾向于“随波逐流”。 □
7. 做事不喜欢留退路。 □
8. 不喜欢犯错。 □

9. 在“头脑风暴”和讨论会上常提供很多想法。 □

10. 完美主义者。 □

11. 在别人认为是问题的地方，你能够发现答案。 □

12. 喜欢系统化、有规律可循的事物。 □

倘若你勾选了所有奇数项，那么你可能是个极富创意的人，也许别人会认为和你共事或与你生活都是一件很具挑战性的任务。

如果你只勾选了偶数项，那么创意还距你甚远。你的生活一定中规中矩、有条不紊。换个角度看，你为生活的兴奋和惊喜留下了很多的提升空间。

大部分人的选项一定是同时分布在奇数和偶数选项间。我的目的不是让大家在提高创新力的同时削弱自己的理智与分析能力，而是在原有状态下适当增强“创新力”的部分。

认知 33 丢掉千篇一律

提升创意的最简单方法是丢弃常规。人是一种受“习惯”控制的动物，因为“习惯”的束缚，我们不再拥有新观点和创造力，因此而错失了许多革新、改造的机会。现在就丢弃那些陈旧的东西，打破自己生活的千篇一律。

我并不能保证这种方法会立竿见影，但是我可以确定，我们只要开始尝试打破常规就一定会看到改变。

22 年来，伊万从未换过住所；15 年来，他也从未换过工作；他每天通勤 45 分钟往返于单位和住所之间。直到有一天，他多年的生活习惯被迫改变。由于城市需要铺设一条新的地下管线，伊万每天通勤的路线需要封路 5 天。他不得不绕道而行，不得不思考新的路线。

第一天，和其他开车上班的人一样，伊万血压升高，不停地抱怨，责怪这恼人的建设工程害得大家不得不绕远路。但是，第二天，情况开始变得不同。

伊万在拥堵的车流中缓慢前进，随意地四下张望。突然间，他看到一间仓库前面摆着“正在出售”的牌子。他禁不住想：“这样一间仓库，有谁会买下来呢？”

在当晚回家的路上，伊万发觉自己对那间仓库有了更多的兴趣，不仅仅是走过路过那么简单。

第三天，他停下车，在仓库周围走走看看，记下了房屋中介的电话号码，并亲自打电话咨询了该仓库的详细情况。

第四天，一个新的计划悄然而生。

第五天，管道维修结束，道路重新开放。若照往常，伊万本该开心不已，但他现在却觉得管道工人效率太高，让他不能绕路前往那间旧仓库了。

周末，伊万又去了一次旧仓库；周一，他就买下了这个地方。之后的两年，伊万把业余时间都用于仓库的装潢改造上。

改造成果惊人。有效的空间使用、自然的采光和别具匠心的装饰，一切都令人称道。

旧仓库成了伊万的新住所、新办公室。伊万在过去的 15 年里一直在为银行设计嵌入式 ATM 机。他的想象力多年来都处于“冬眠”状态，但只要有外在的刺激，他就会发挥无尽的创造力。

伊万从旧仓库事件中获得无限巧思。有时，他甚至会故意绕路，看看自己会发现什么惊喜。

为了激发灵感，你可以颠覆某些程式化的安排。尝试以下做法。

颠覆常规

- 晚上安排活动，安排在星期一的晚上。
- 去寒冷的地方度假。
- 右转弯，看看自己会到哪里。
- 早上 7 点就到公司。
- 和同事换个座位。
- 来一顿“逆序”晚餐，先吃甜点。
- 如果你每天都看报，立刻买一份和以前不同的报纸。
- 没有预先计划，随性地登上下一列火车、下一辆公车、下一次航班。
- 临时更换一部电影来观看。
- 改变穿衣风格。假如你习惯穿着便装，那就精心打扮一番；如果你总是西装革履，就试着轻松休闲。
- 改变已习惯的版式、字体、大小和颜色。

在颠覆常规时，我们要提高自我意识。在进行这些非常规活动时，我们尝试保持“有意识的自我对话”，与自己内心有意识地交流。当看到身边的事物时，我们应尽量让自己感受到吸引力而非挫败感。比如，对自己说：“很有趣，我应怎样利用它、调整它，让它对我有益？”

与一般的思维方式不同，这种自我分析法不会让眼前的改变变成无所谓的经历，而是能帮你最大程度地把握和利用当前的状况。

允许自己享受做白日梦的奢侈，给自己更多的可能性。

你会发现，当小孩子遇到需要理解的新概念，或者需要解决的新问题时，他们就会使用这种思维方式。你从他们的面部表情上就能看到他们正在努力朝着这个方向思考，甚至偶尔能听到他们小声问自己这些问题。

认知 34

丢掉大人的身份，偶尔像孩童般思考

孩子们的思考方式与大人不同。他们学得更快，会把更多想法付诸实践，也会从中获得更多乐趣。孩子们的思维方式值得我们去模仿。孩子在小时候被鼓励去探索、去冒险、去实践。随着时间推移，教育体系和来自同龄人的压力等多重因素开始逐渐击退他们的冒险精神。当他们长大走出校园时，已不再是当年那个充满想象力的孩童，其思维的开放程度也大幅度降低。

现在给大家的任务是，下次当你遇到问题时，要学习用孩子的方式来处理。

如果你早已忘记小孩子是如何学习和解决问题的，那么可以参考以下做法。

- **亲手体验：**孩子们喜欢自己触摸事物。而大人一旦遇到问题，在 90% 以上的情况下都会借助谷歌来搜索解决办法。
- **变状况为游戏：**你在游戏中能够学到更多。如何把你遇到的问题转变成好玩的游戏？

- **添加颜色：**你一定看过幼儿园里面鲜艳斑斓的色彩吧，而你的办公室又是什么颜色呢？色彩可以刺激大脑内的信息感受器，激发创造力。
- **绘画：**拿起一个大画板和色彩缤纷的画笔，现在就开始画画。你可以学习如何在大脑中进行构图。
- **感觉无聊就离开：**孩子知道什么时候应该停止手中的事。当他们感到兴趣全无的时候，就是他们停手的时候了。他们会找到能够激发兴趣的事物 B，暂时搁置之前索然无味的 A，过段时间后再以全新的精力与活力重新面对问题 A。
- **问“愚蠢”的问题：**如果问了很愚笨的问题，大人会觉得不好意思，而孩童却会不断在这些看起来愚蠢的提问中获益成长！你可以像孩子一样问出一些“愚蠢的”问题吗？如果可以的话，你会向谁提问？会经常提问吗？

像孩子一样思考会有哪些益处

作为一个成年人，学习像孩子一样思考，最妙之处就在于你可以随时在孩童与成人的思维模式中穿梭。

设想一下，下次当你遭遇问题时，你可以先用 10 分钟进行孩童般的思考，获得解决方案；而在接下来的 50 分钟里你完全可以恢复成年专业人士的身份，进行成本分析、制作进度日程、跨部门资源细分。如果你是一个 5 岁的小朋友，是无论如何也无法完成后来 50 分钟的工作内容的。

反向思考的智慧

> 孩子们可以一直享有儿童的思维方式，这是他们的特权。

认知 35

变化刺激新意

如果你不喜欢大自然的处理手法，你可以尝试自己主导创意。以下三种方法是我最钟爱的激发创意的方式。

1. **更换名称：**更改名称后还一样吗？名称的改变有助于我们改变对某事物的感觉。当你想到“杯子”这个词时，头脑中就会形成相应的事物形象。现在换个称呼：器皿、容器或者高脚杯。你的想法会有怎样的变化？
2. **颠倒与混合：**谁说一定要按照某种方式进行？依据旧有规则，只能获得陈旧的答案。新思维=新结果，如果你改变次序、调整步骤、重新组合数字，你一定会获取不一样的成果。你甚至可以把事物颠倒过来，进行反向推演。
3. **打比方：**这就像是……向人们推荐理念，并让他们对其信服，是一项颇具挑战性的技能。拒绝滔滔不绝地介绍细枝末节，“反向思考”理念推荐大家在这个时候把新理念和听众过往已知的事物联系起来，以比喻的方式介绍给大家。一个比喻会衍生出无数新比喻，这会让抽象的概念变得栩栩如生。

史蒂芬是一家公司的管理者。为了向员工解释公司未来几个月将要发生的改变，他带着一幅巨大的拼图去参加公司的年会。他的发言没有使用任何幻灯片，只将这幅拼图作为辅助。他向员工们解释说，在接下来三个月里整个公司要做的事情类似于完成一幅拼图。首先，大家需要找到拼图的四个角，史蒂芬把公司的四项基本价值比喻成拼图的四角。

接下来，他向员工介绍管理的重要性，就像是拼图的边缘沿线。完成拼图的其余部分，需要各部门摒除孤立的思维方式，看到全局，认清共同的奋斗目标，加强沟通与协作。每位员工都是一片拼图，虽然各不相同，但都是整幅拼图中不可或缺的重要因素。

最后，史蒂芬把拼图游戏包装盒的封面转向观众，一幅精美宏伟的画面便映入眼帘。他让所有员工都分享到了公司未来美好的愿景。

史蒂芬利用拼图来比拟公司发展的做法非常有创意。更重要的是，后来在此次年会上发言的嘉宾，每每提到这个拼图，都会对在场员工有所触动，给人留下了极其深刻的印象。

真是精彩绝伦！

认知36 变化更大一些

通过以上内容，你是否已经感到自己更有创意？是不是想了解更多激发巧思的方法？好，让我们共同进入开发创意的终极训练。

有必要指出，这个终极训练并不适合胆小懦弱的读者，因为其中产生的想法可能会彻底颠覆你的思维模式。大家准备好了吗？

扩大，再扩大

我有一个朋友，他是乐队成员。他们为自己的演出预订了一个能容纳 100 人的场地，纠结地卖着门票。他说："我们通常都是这样的，门票一般只能卖出去一半。"我问他如果预订一个 1000 人的场地会怎样。他回答说："那一定会是一场噩梦，门票还是无法全部售出。"

他有这样的想法，当时让我觉得有点儿尴尬。在那天晚些时候，我鼓励他换个思维方式，不妨扩大乐队的演出规模。我让他想象自己正在为千人演唱会做宣传，并问他会用什么方法去推销门票。他花了很长时间，想出了五个办法来宣传现场演唱会。

几星期后，演唱会门票销售一空。他跟我开玩笑说："真应该听你的话，安排一场有 1000 名观众的演出。"

词汇关联

我喜欢这个方法，因为它就像一台制造新点子的"永动机"，让你的创意源源不断。方法很简单。通常词汇都会按照固有的模式搭配在一起，这样才能表达一定的含义。如果我们把它们的顺序错乱地随意摆放，就会出现许多有趣的现象。

随意选一个词，任意一个词都可以。把它写在白纸中央。比如，我准备把在收音机里听到的下一个词写下来。这个词是"Capital"。

现在，找出与 Capital 有关的四个词，写在核心词 Capital 的四周。即使某些词和 Capital 之间只有微弱的关联也没关系，这样反而有助于我们激发更新鲜的创意。对于 Capital，我想到四个相关词汇[①]。

Capital

① 英文 capital 有首都、信件、最优秀的、资本等词义。——译者注

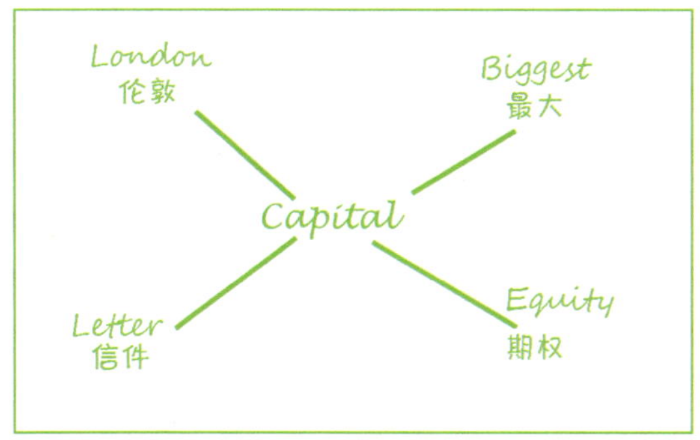

接下来，请分别对这四个词再做出四项关联。于是你就建立起了一个词汇网络。

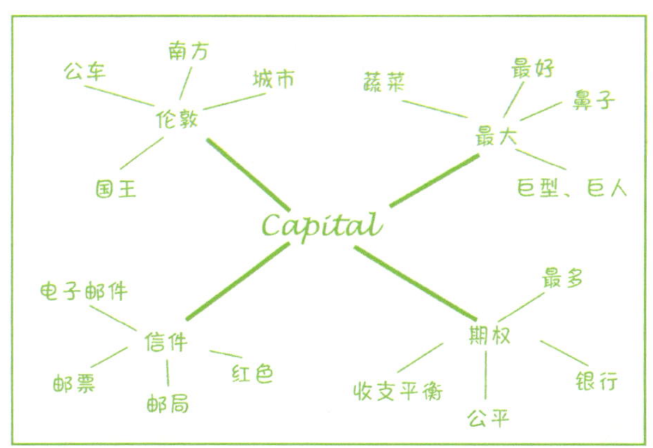

现在，请随机选择其中的两个词，并对它们进行关联。可能会发生以下三种情况：

1. 两个词放在一起毫无意义，完全不能激发新创意；
2. 两个词之间有点儿关联，深入思考后能够得到一些点子，但算不上很有创意；

3. 两个词紧密关联在一起，并且这个新的关联帮助你打开了创新的通道。你想到了绝妙的主意，甚至可以利用这个创意去拯救地球或赢得诺贝尔奖。

你所获得的，也可能是这三种情况的综合体。

秘诀是把学会的方法完整地投入实践，彻底地进行检验。

现在就让我们一起来检验这个方法。通常，我会记录从各组关联词语中获得的想法。

邮局	蔬菜	邮寄蔬菜的服务是否有市场？或者邮寄蔬菜种子呢？如果是邮寄罕见的蔬菜，这项服务是不是会受欢迎？甚至可以配合人们喜欢观看的名厨烹饪节目，当大家准备跟着节目学习料理的时候，所需的食材就已经快递上门了。
巨型	公车	如何把公车建造得更大一些？建一台能够飞行的巨型大巴如何？我想，早就有人把这个点子变为现实了。
平衡	南方	没有想到什么有意思的主意。
最好	信件	写信是不是最好的方法？我是否应该给客户或好朋友写信呢？在我收到或寄出的信件中，哪一封是让我印象最为深刻的？
最多	电子邮件和信件	现代人使用电邮进行沟通最多。使用传统的信件是不是更有人情味？
国王	鼻子	也许国王“知道”一些事，而我们却不知道[①]。我们是否能向国王询问这些事？是否能够以这个为视角来写一本书——《最想问国王的 100 个问题》？

① 这句话的英语表达中“鼻子”（nose）和“知道”（knows）发音相同。——译者注

在不到 5 分钟的时间里，我已经从一个于不经意间听到的词及其关联组合中，得出一个近乎疯狂的点子，甚至把它延伸为一本书的主题；重新审视传统邮件与电子邮件的利弊；同时也看到邮购服务的一个潜在发展方向。

我喜欢这个词汇关联活动，是因为我们可以与别人共同联想，也可以自己独自完成。我们可以创造这样一个词汇网格。最开始的核心词是什么并不重要，无论它是什么，最后你都会为自己独特的想法会心微笑。你可以随时在短时间内获得一系列有趣的想法，而且这一切都是免费的。何乐而不为？

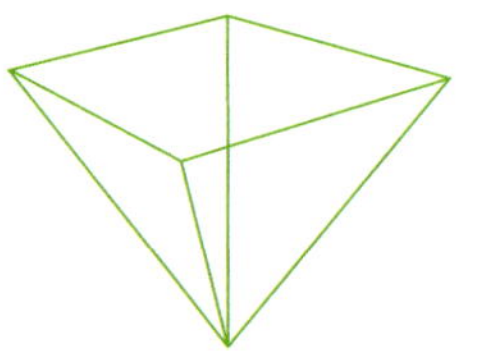

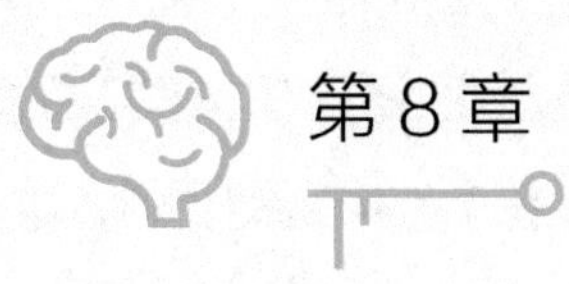

第 8 章

工作中的反向思考

快扔掉“为了工作而工作”的沉重想法，立刻！马上！

本章将处理与工作相关的所有环节，包括找工作、有效地利用工作机会、快速升职，甚至还有与失业相关的内容。我还会在此讲解如何在零售、扭转业绩滑坡、业务专门化和客户服务等领域实践“反向思考”的理念。你在工作中所需要的，本章都有所涵盖。

即使你没有工作或者不需要工作，也可以在这里学习一些有益的技巧和方法，帮助你转换思维，从而在生活的其他领域取得成就。

认知
37

我们为何要去工作

选择符合你个人情况的原因，可以多选。

我工作的原因是——

1. 为了赚钱。
2. 为了结交朋友。
3. 别人希望我去工作。
4. 为了让这个世界更加美好。
5. 不得不工作。
6. 我热爱这份工作。
7. 为了有朝一日可以不再工作。
8. 为了学到新东西。
9. 我没日没夜地工作，为了支付一个又一个的账单。这样的生活，是不是很悲哀？

如果你主要选择的是奇数项，我猜这份工作对于你来说只不过是“生存手段”罢了。你对它毫无兴趣，却不得不去应付。

如果你选择的都是偶数项，足见你对工作的热忱，说不定你会愿意免费出工呢！

如果你只选了第 9 项，我只能说你可能太过迷恋 ABBA 的歌曲了。[①]

运用“反向思考”，可以让你爱上自己的工作；有了热情，工作会更加出色，薪水自然也会不断提升。

① 第九项原文是："I work all night, I work all day, to pay the bills I have to pay. Ain' t it sad?"来自瑞典歌唱组合 ABBA 的歌曲《*Money Money Money*》，这首歌后来成为音乐剧《*Mama Mia*》的插曲之一。——译者注

丢掉“为了工作而工作”的沉重想法，把工作变成“带薪的享受”

我们需要追溯到起点，请看看自己工作的原因是什么。你是否选择了第 4 项“为了让这世界更加美好”？我认为这大概是清晨起床打卡上班的最佳动力。

我经常为中小学以及高校的教师举办讲座。他们刚来这里时大多不是愤世嫉俗，就是低迷消沉。我要做的是激励他们重新焕发教学的热忱与激情。

我个人认为，教师是这世界上最具重要意义的工作。我会询问这些教师，他们认为自己从事的到底是一份怎样的工作？我对他们说：“你们最直接地影响着社会上的一群最弱小的群体，你们的工作是在帮助这群人提升其未来的生存质量。”有少数教师会对我的言论嗤之以鼻，但是我能清楚地看到，绝大多数教师都在那一刻回想起自己从事教育事业的初衷——为了让这世界变得更加美好。

最显而易见的，人们却常常视而不见。

以下是在工作中可以用到的激励技巧。

我究竟做的是一份怎样的工作

花一点时间，回答以下问题，弄清楚自己到底从事的是一份怎样的工作。

1. 你所从事的工作会让哪些人受益？
2. 这些受益者会对你的工作有什么看法？
3. 他们的看法会让你有何感受？

有一次，我向学员提了以上三个问题，一位名叫克莱尔的学员垂头丧气地回答道："这些问题都不适用于我，因为我只不过是在商店工作罢了。"

进一步倾谈后，我了解到克莱尔在一家服装店工作。我认为她的工作很不错。我的确花了很长时间，才让她领会到自己这份工作的意义。以下是我们之间的对话。

"很好，你在服装店工作。你具体做些什么？"

"卖衣服。"

"顾客来到店里最常问的问题是什么？"

"通常是关于尺码和价钱的问题。"

"很好。那么你会怎么回答？"

"告诉他们价格是多少，或者帮他们找到合适的尺码。"

我深呼吸了一下，知道自己需要更进一步才能帮到克莱尔。于是，我问："当你回答顾客问题的时候，是否还经常给他们提建议？”

“嗯，如果没有他们想要的尺寸，或者价格超出他们的承受范围，我会向他们展示其他衣服。”

“顾客喜欢你的推荐吗？”

“当然。很多时候，顾客并不了解自己真正需要的是怎样的衣服。”

“所以，你帮助他们做出了选择，对吧？”

“是的，我认为是这样。”

“当你为顾客提供良好建议的时候，顾客是什么感觉？”

“他们喜欢并采纳了我的建议！”

“这时，你会有什么感受？”

“这种感觉好极了，这就是工作中最赞的时刻！”

瞧，她终于发掘出工作的意义了。克莱尔的工作是帮助别人改善衣着形象，同时也让她感到自豪和快乐。这份工作很棒！由于克莱尔现在带着这份热情与喜爱投身于工作，她开始觉得工作不再是一种煎熬。最妙的是，如果你现在问她：“你做的是什么工作？”她会自信满满地回答：“我的工作是帮助别人改善形象！”

反向思考的智慧

当你把工作与帮助别人提升生活质量关联起来时，工作的意义才真正显现出来。以这样的视角看待工作，你就学会了爱上工作，享受工作。

相信大家已经知道接下来要进行的练习。没错，请运用这个方法，向自己提问。如果对答案很满意，那么就在每天工作的时候想一想自己的回答。虽然它不能解决工作中的所有问题，但它会不断提醒你学会热爱与享受。这是做好一份工作的基础。

现在，让我们进入职场中的具体领域，大家同样可以发挥“反向思考”技能，让自己无往不利。

认知
39

快速晋升的新思维

在企业里，有人能够迅速升职，有人却在艰难跋涉，这两类员工的思维方式大有不同。大部分人认为，在企业里向上爬的最佳方式是依附裙带关系，或者纯粹靠运气。

事实并非如此。实际上，能够获得晋升，尤其是快速晋升的人，都有一个共同点：他们把自己的底线设置得更高，自我要求更高。如果他们在为非营利组织工作，他们会比别人付出更多的努力，争取更好地达成使命。

“成功会留下印迹。”这句话大家一定听说过。简单来说，就是成功人士的经历会给后人留下效仿的范例。这是个好消息：对于成功，我们有据可循。

以下是失败者与成功者思维模式的对比。

导致失败的旧思维	→	成功晋升的新思维
他们一定很会奉承领导，才得到了晋升。		他们是怎样获得晋升的？我也要找到办法。
工资再高一点儿，我就会多做一点儿。		我要多做一些事情，以后才能获得更高的收入。
他们只不过是比较幸运而已。		他们采取了哪些策略？我应当如何使用这些策略呢？
懂多少都没用，关键是要认识对的人。		我需要认识哪些人？怎样才能跟他们建立联系？

认知 40 假如你失业了，该怎么办

你一直都在努力工作，对公司百分百忠诚。但是，某一天你却失业了，你失去了赖以为生的工作。当别人感到沮丧落寞的时候，你是否想到“反向思考”，是否能够鼓足勇气，重新看到希望？要在这种情况下获得积极的心境，的确不容易。下面为大家提供简单易行的“反向思考”方式。

丢弃怨恨

说起来容易，做起来难。但是请你务必暂时放下愤怒与怨恨。如果你实在忍无可忍，就允许自己暂时发泄一下，5 分钟而已。我们都知道老板已经决定的事情，一般都没有商量的余地了。所以还是应花时间和精力多为自己着想，认真考虑以后的路要怎样走更为重要。

丢弃“解雇是针对自己”的想法

如果失去了工作，就不要再去想为什么会是自己而不是其

他人。你甚至会想到会计部的多莉，所有人都知道她的职位是个闲职，她根本没做出什么贡献，为什么不解雇她？类似这样的问题，会让你筋疲力尽，使你不断钻进牛角尖而无法自拔。事实上，解雇的原因并不是你在工作中做错了什么，而只是在现在这个时候，你不适合现在这个职位了。

抢占先机

我在达勒姆县的一个名为康赛特的小镇长大。1980 年，当地的钢铁业大萧条，有 3 700 名工人失业。我还记得，有的工人拿到政府的失业补偿金后会说：“先放几个月假，然后再回来找工作。”

结果，当他们放假归来时就会发现：（1）自己缺乏找新工作的动力；（2）临行前还有的职位空缺，现在已经属于别人；（3）经济低迷，缺少工作机会，等待经济复苏可能还需要几个月甚至几年的时间。

与此同时，另外一些工人早已占得了先机。当初知道自己将被解雇时，他们就已开始寻找新工作。正所谓“早起的鸟儿有虫吃”。

把握现有的资源

将一切可能对你有帮助的知识或信息记录下来，养成动笔记录的习惯！留存所有联系人的姓名、电话，写下在工作中的所学所想，你就拥有了一个海量的信息库，为你未来的发展服务。但是，切忌从公司窃取资料，这种做法只会使你的职业生涯背负污点，越发困难重重。

留意自己喜欢与哪些人为伴

与某一类型的人群相处时间越长，你本身就会越发显现出这群人的特质。如果你现在没有工作，和失业人士在一起也许会让你更加轻松惬意，但是请你谨记："近朱者赤，近墨者黑。"远离其他失业者，你就可以更快地找到新工作。

全面审视个人技能

一些网站就提供这项服务，你只需要在网页上勾选符合自己的技能 / 特质，然后在 1 ~ 10 分选择一个评分即可。在这里，我建议大家在完成上述步骤后，为每一项技能 / 特质添加一份简洁深入的描述，请看以下实例。

- **能够按时完成工作。**也就是说，我能够有效地管理时间，增加工作可信赖度，不会给公司造成不必要的麻烦。
- **具备实用价值。**也就是说，我可以独立解决问题，而不用求助于他人。我还可以利用这个技能来帮助其他同事。
- **文字功底扎实。**也就是说，我可以校对和修改文件，使公司文书更规范、更专业。

很多人都有一个个人技能清单。但是技能的实际价值在于怎样使企业和雇主受益。添加简要说明后，你的技能就会得以延伸，并且能够让雇主更清晰地看到你的价值所在。

悉心照料自己

失业是令人压力重重的经历。你是世界上最重要的人，在压抑沮丧的时候，就更要好好爱惜自己。保持健康的饮食，坚持锻炼，并且适度放松（放松并不意味着你可以整天在家看电视）。

是否应该创业

失业也许是创业的良好契机。很多企业家都是因为失去了原本的工作，才开辟了自己的事业。失业使他们因祸得福。

成为创业者，并不意味着你需要建立庞大的公司，雇大量的员工，或者承担巨大的风险。你可以选择自己喜爱的行业，成为自己的老板。丢了工作，也许正是千载难逢的好时机，你可以开始一项自己真正热爱的事业。

现在，我们有必要花点儿时间重新咀嚼本章的内容，以确保读者至少能够想到一些办法来把职场的“反向思考”技巧付诸实践。工作通常会占据我们三分之一以上的时间，因此我们有充分的理由让工作成为生活中值得享受、回报丰厚的一部分。

对于大部分人来说，人生大部分时间都被工作和上下班通勤占据着。因此，我们最好能够喜爱自己的工作！否则生活将是痛苦万分。

认知 41

丢掉过去的成功，转换思维，做现在最应该做的事

也许你非常期待建立自己的企业，开创一番与众不同的事业。或者你希望自己的企业更上一层楼。如果读者朋友有上述想法，那么就必须先拥有一个经商的头脑。

如果你已置身于商界，比如，拥有自己的生意业务，或者是一位领导者，需要为业务的成败负责，那么这一部分内容恰好可以为你所用。

购买街头艺术品的故事——如何利用附加值来赚钱

许多会做生意的街头艺术家都是通过商品的附加元素来赚得更优回报的。他们的做法通常如下。

你在购买街头的留念照片、漫画画像或者风景素描时，一定很少看到街头艺术家为作品标价。有人询问价钱时，他们会说："50 元。"然后仔细地观察顾客的反应。如果顾客因价格过高而退缩，他们则会接着说："……不过，今天还会附赠一

个价值 10 元的画框。”如果顾客还在犹豫不决，卖家会继续说：“再免费送您一个包装盒，可以保证物品完好无损。这个盒子平时要价 10 元呢！”

于是，这笔买卖就这样成交了。一想到自己只用 50 元就拿到了价值 70 元的东西，多划算啊！真是聪明！假设顾客一开始就很满意 50 元的价格，那么卖家又会如何应对呢？

顾客爽快地拿出 50 元时，卖家则会说：“您想为这个作品加个精致的画框吗？一个画框只需要 10 元。”如果顾客欣然接受，卖家则会补充：“外面加上包装盒，可以保护作品不会在旅途运输中损坏。这只需要 10 元。”

这个技巧可以应用于任何交易。假设你是买家，如果不能获得减价，那么就向卖家要求一些赠品。假设你是卖家，如果价格似乎超出了买家的预期，你该如何利用增加附加价值来保持原有的交易价格？如果顾客乐意接受现在的价位，你又应该如何利用他们旺盛的购买欲来推销更多的附加商品呢？大家一定学到了个中精髓。

术业有专攻

Smyth & Gibson 是坐落于英国贝尔法斯特的衬衫厂商，生产世界顶级的衬衫。多年来该企业一直专注于衬衫产品。他们为自己生产的每一件衬衫都提供长达 20 年的售后保障。

Smyth & Gibson 更是把专业化做到了极致。他们雇专门的人员给衬衫加领——这些人都是世界顶级的上领工人。他们还雇专业的剪裁师傅，使衬衫的每处连接都看起来天衣无缝。袖子也由专业工人进行面料纹路的比对和拼接。每一件衬衫的诞生，都需要 15 位专业人士的精工细作。

我曾经问过该企业创始人之一吉布森，“为何不教会员工衬衫制作的所有步骤？你们肯定能制作更多的衬衫。”吉布森跟我解释了“反向思考”的理念改变了他们制作衬衫的模式。那时其他厂商都在进行分工和自动化的批量生产，目光放在产量上；而他们偏偏反其道而行，丢弃了主流的意见，更看重专业化和细节。我进一步问他：“很多顾客根本不在意衬衫袖子的面料纹理是否和衬衫主体匹配，你们为什么要花时间在这些别人不会注意到的细节上呢？”吉布森说：“别人不在意但是我们会在意。”

我喜欢他这种自信和笃定。反向思考理念鼓励我们丢弃人云亦云，做回我们自己，让自己变得与众不同。

反向思考的智慧

在这个通才辈出的时代，你是否拥有一项专精的技能？

20 世纪 70 年代，Allen，Brady and Marsh（简称 ABM 公

司）是英国首屈一指的广告公司。在英国铁路集团的广告竞标中，ABM 公司很幸运地进入了最后一轮决选。英国铁路集团历史悠久、实力雄厚。怎样才能赢得这样一个大集团的青睐呢？

其他广告公司想要通过奇特的标语、精美的广告样片和完美的会议展示来打动英国铁路集团的主席以及董事会。

ABM 公司决定利用“反向思考”，反其道而行之来扭转乾坤。

一位冷漠的前台工作人员迎接集团董事长和董事会成员，把他们带进了脏乱昏暗的会议室。客人共有 7 位，但会议室里只有 6 把椅子。工作人员端上了冰冷的茶水、受潮的饼干，还有制作粗糙的三明治。更糟糕的是，ABM 公司的简报团队居然还没到达现场。

经历了约 1 个小时的等待，正当铁路集团董事长即将离开之时，ABM 的主席罗伯·艾伦走进会议室。他没有道歉，甚至没和集团董事长打招呼。当时铁路集团的与会人员已经怒不可遏——这个描述一点儿都不夸张。

接下来，便是最精彩的画面。艾伦环视会议室众人，说：“这正是英国铁路集团现在给顾客的感觉，没关系，我们可以帮你们重塑形象。”

结果，ABM 公司一举中标。

你可能觉得 ABM 公司幸运。每当有人成功，就会被称为“幸运儿”。然而，事实远不止于“运气”二字这么简单。

通常来说，一个人肯去思考，把想象力、远见跟洞察有机融合在一起，愿意投入精力和时间去独辟蹊径，并且创造令人无法忘怀的新鲜事物——所谓的“好运”才会发生。

反向思考的智慧

实践“反向思考”理念，可以让你在生意场上拔得头筹。

变“危机”为“转机”

生意总会有起有落。业务蓬勃发展时，许多人难以想象业绩滑坡的景象；但是懂得“反向思考”理念的人则会未雨绸缪。业务萧条时，许多人觉得举步维艰，难以支撑；但是懂得“反向思考”的人则有能力化险为夷。聪明的人懂得机遇常常与危险并存；有智慧的人则能够化“危机”为“转机”。

我有一个好朋友，当年曾在两个月内卖掉了自己名下 38 处房产，因为他觉得这些房屋已经带给他丰厚的收入，数额巨大到他内心隐约感到恐慌。结果证明他的决定是正确的。此后的两个月房地产行业出现了巨大的衰退。他到底是如何预见这一切的？

也许你会觉得他只不过是幸运而已。其实是因为他拥有敏锐的“嗅觉”。如果你问他当初为何做出这些决定的，他总会回答：“我只是觉得如果投资回报达到‘近乎完美’的程度，就会有潜在的危险。”后来，很多人被房地产投资拖垮，恰恰验证了这种直觉。

经济环境起起伏伏，有人等待经济复苏时再开始努力。然而，有智慧的人善用“反向思考”，在低谷时就开始投入精力、寻求挑战、积极创业。他们知道，只有提前备战才会在经济恢复活力时捷足先登，拔得头筹。

化“危机”为“转机”

这里有四个问题，我们在生意低谷时可以问问自己。

1. 我们最擅长做什么？

2. 现在怎样才能做到专业化或多样化？
3. 如何加强客户忠实度？
4. 我们现阶段可以做些什么，从而使经济回暖后的业务最大化？

未雨绸缪

业务稳步上升时，我们也同样需要时刻提醒自己。

1. 是否有长远的投资计划？
2. 如何分散风险、提高抵御风险的能力？
3. 怎样进一步开拓市场？
4. 一切是否过于“近乎完美”，是否存在潜在危机？

我并不清楚各位读者现在正处于何种状态。但是，荣萧更替是永恒的规律。因此，请你运用“反向思考”技巧，经营当下、备战未来。

暂时抛下商家的身份像顾客一样思考

在公司大会上，你经常会听到有人说：“我们必须像顾客一样思考。”这句话没错，但其真正的含义是什么呢？

若我们想要像顾客一样思考，就必须让自己成为顾客。

我曾经为一家公司做咨询。他们担心其网络销售量不如预期。我在与各部门总监一同参加的会议上问道：“请问在座有多少人曾经在贵公司网站上购买过产品？”

几乎所有人都点头表示买过。接着，我拿出一份文件，说：“我这里有一份贵公司网络购物的顾客名单，我把公司内部人员的名字都做了标记。如果你确定自己曾在网站上购物，请举手。”举手的只有寥寥几人。在场的部门总监都面露愧色，执行总裁更是坐立难安。

如果他们本身都不曾扮演顾客的角色，又怎么能够设身处地地为顾客着想呢？

反向思考的智慧

想要验证一项产品 / 服务是否能使顾客满意，你就必须暂时抛下商家的身份，作为顾客去亲身体验。

以下是为顾客着想的成功案例。

朱丽亚将于 1 月 2 日举办婚礼，12 月 31 日晚上她去做美甲，戴上了水晶甲。1 月 1 日新年早上醒来，她发现水晶甲已经掉了三个。可是，之前做美甲的美容院放假休息。朱丽亚焦急万分，还有一天就要举行婚礼了，怎么办？

辗转找到多塞特夏日度假酒店的电话，朱丽亚跟美容美体的部门经理罗斯玛丽说明了情况，请求对方的帮助。经理当天就为朱丽亚安排了新娘 SPA 服务。其他店面都因为新年放假一天，只有罗斯玛丽的部门专门为一位顾客打开了大门。罗斯玛丽叫来了美容团队，让她们设想自己处在朱丽亚现在的境地，想象这个焦虑不安的新娘会需要哪些美容服务。

朱丽亚品尝到了镇定安神的甘菊茶，取下了原来的水晶指甲。朱丽亚暂时无法决定指甲应该涂成什么颜色，在正红色和水粉色之间举棋不定。工作人员帮她左手涂了正红色，右手涂了水粉色以示效果。然而朱丽亚还是犹豫不决，因为她还没有上妆，也没有整理头发，无法看出哪个颜色更加适合整体造型。

考验服务人员的时刻到了。她们为朱丽亚提供了顶级高效的服务。化妆和发型同时进行，还有甘菊茶不断供应。整体造型基本完成的同时，朱丽亚也选定了指甲使用正红色。

在离开酒店美容院时，朱丽亚承诺自己一定会再光顾。只不过，工作人员当时并不知道朱丽亚的再次光临会如此之快。

婚礼美轮美奂，晚宴大获成

功。但是，朱丽亚和新婚丈夫来到之前预订的酒店门口时，却发现酒店仍在放假。于是，他们毫不犹豫地来到假日酒店。入住了最好的房间，享用了精致的美食，并重温了美容部的周到服务。

我们经常能听到类似的案例。或者你作为顾客就经历过类似的情形。其中最令人感动的总是人的要素。如果美容师没有真正为朱丽亚着想，就不会有无微不至的服务，也不会有真正满意的顾客。她们所做的一切，都是在往潜在客户的情感银行账户里存钱。许多商家致力于为现有顾客制造惊喜，令他们满意。会换位思考的商家也同样注重为潜在客户营造精彩，从而赢得更广泛的客户基础。

满意的顾客总是乐于与他人分享自己受到款待和礼遇的经历。

作为小型零售企业的经营技巧

小型企业经常误以为自己需要参照大企业的模式才能成功，事实恰好相反。

我住的小镇里原本有两个鱼贩，生意不错。然而在短短两年之内，镇上出现了 Tesco，Waitrose 和 Marks&Spencer 这样的大型超商。我本人非常喜爱买新鲜的鱼，因此特别关注了一下这两个鱼贩的反应。1 号鱼贩抱怨这些大型超市的进驻，抱怨本地媒体对大超市过于关注，抱怨其他零售商，甚至开始抱怨顾客。我记得有一次去买鱼，还没问价钱，这个鱼贩就说自己的价格没办法像 Tesco 那么低。在一番痛苦无力的挣扎后，1 号鱼贩的店倒闭了。关门那天还在门前挂上了埋怨 Tesco 和其他商家的标语。

2 号鱼贩的反应则不同。她致力于创造本地品牌、培养本地顾客的忠诚度。她会告诉顾客买到的鱼是在什么时间、什么地点捕捞的；如果多买一些，还会有个赠品（通常不过是一颗柠檬而已）。她也一定感到了大超市带来的压力，但她从不抱怨。她的店铺保留了下来，由于原本与她竞争的 1 号鱼贩已经关门大吉，现在她的生意特别红火。

不要轻易效仿大企业。请注意大企业不能带给顾客什么，而你却可以。关注自己区别于大企业的专长之处。

如果你经营的是一家大型企业，那么你可以从小企业身上学到什么呢？是温情、是踏实，还是深入人心的服务？

大企业不妨也来转换一下思维，向这些成功的小企业取经。

第 9 章

反向思考创造更好的未来

快将“胆小”“保守”“怀疑”从身体中滤出，立刻！马上！

你是否已经清楚未来的目标，并且也知道采取什么策略来达成目标了？

你是否对自己的未来感到兴奋不已？或者你是否已经开始想象下周这个时间在做什么了？

创造美好的未来，绝不是写下目标这么简单。这只不过是个起点，大家都知道只有真实地付出努力才能成功到达彼岸。

根据我在旅行和讲座过程中对人的观察，大多数人对于未来并没有明确的计划。他们会等遭遇变故时，再花精力来处理不如人意的结果。我真诚地邀请这样的读者来共同“反向思考”，丢弃随遇而安的习惯，开始计划你的未来，尽量使用你的精力和创意来让美好的事情发生。

还有许多人把一些不必要的假设放在未来计划中，这样做只能让自己裹足不前。我把这种假设叫作“如果……那么……”

认知 42

打破“假如……那么……”的魔咒

“假如……那么……”无疑是一种极具杀伤力的思维模式。你一定常常听到有人说：“假如我有钱了，那么就会开始存钱。”“假如老板给我升职加薪，我就会更加努力地工作。”“假如我有了自己的车，一定会让它保持崭新的状态。”

当你这样思考问题时，你已经把未来交给了外在环境，而不是试图去改变你能够掌控的因素。

想要打破“假如……那么……”带来的恶性循环并不容易，但是你必须想办法将它摧毁。

人们还会把“假如……那么……”的想法用在有关生活幸福的各个领域。比如，“如果我瘦一些，我一定会更加开心。”“假如我遇到了真正适合的另一半，那么生活跟现在一定大不相同。”

如果大家肯丢弃这种不确定的假设，转换思维模式，那么一切也许大不同，就一定会获得更好的结果。比如，你换一种态度，告诉自己：“我很快乐，因此我有能力减轻体重！”或者“我要开心起来，才能吸引同样具有正能量的人进入我的生命。”这听起来很简单，但是单纯地期待自己开心是不够的，你还需要让自己真正快乐起来。

一旦你有能力让自己快乐起来，你就可以掌控自己的行为、态度和信念，于是你就拥有了创造美好未来的平台。

有时，你甚至可以利用“假如……那么……”的方式，对自己做正向激励。

假如你想要创造美好未来，那么就必须即刻启程。

读者会问：“现在是否该写下未来的目标了？”我要告诉你，还没到时候，但是我很欣赏大家的热忱。我们尚不清楚你想要怎样的未来，但是有一点是肯定的，你一定希望自己的未来美好、顺心顺意。

你同意以下的说法吗？

1. 我值得拥有美好的未来。
2. 当下的行为将会影响未来的人生。
3. 对于大多数的行为，我都可以自己选择和掌控。
4. 过去我曾经克服重重困难，从而成就了现在的自己。
5. 我深深地了解，自己可以成为更优秀的人。

我猜很多人会对上述说法全部赞同。为什么不呢？这些说法的确没错。

现在，让我们看看实际生活中人们是怎样在有意无意间推翻这些信念的。

1. **我值得拥有美好的未来。**

   只有那些幸运儿和佼佼者才会拥有美好的未来，我只不过是普通人而已。

2. **当下的行为将会影响未来的人生。**

   我可以把任务推到明天或者下周再完成，这不会有什么影响的。

3. **对于大多数的行为，我都可以自己选择和掌控。**

   除了重大抉择，其余的行为好像都是外界造成的，比如老板、天气等。

4. **过去我曾经克服重重困难，从而成就了现在的自己。**

   那已经是过去的事了，我早不记得那些困境以及征服困境的喜悦了。我现在的主要精力都放在未来可能出现的困难上了。

5. **我深深地了解，自己可以成为更优秀的人。**

   对于自己不够精进的技能，最好不要逞强，保持现状、保持谦虚就可以了。

自己的想法，往往因为表述方式不同而结果迥异。以上两组描述，供各位参考，选择权在你手中。有时，做出更加积极的选择，的确需要更多的自信和努力，但是绝对会给你带来丰厚的回报。

认知 43

丢掉“自我怀疑”，勇闯“机遇之门”

首先大家要学会如何集中注意力于“机遇之门”，进而铲除“自我怀疑”这块可恶的绊脚石。是的，直到现在我还没有让大家写出自己对于未来的期许是什么。别急，还没到时候。

“机遇之门”

何谓“机遇之门”？我深信大家都懂得这一道理：只要有正确的态度、积极的行动并热忱与执着，任何人都会取得成就，只是时间或早或晚而已。

请问，你认为成为一个世界顶尖的侍酒师需要多长时间？20 年，30 年，或者 40 年？实际上，只需要 4 年。

卢瓦原本是南非十二门徒大酒店的泳池工作人员，他仅用了 4 年时间，就成为世界一流的侍酒师。故事是这样的：

“那是第一次泳池里有顾客向我点红酒，回想起来简直就是一场灾难。我根本不知道如何打开红酒瓶塞，甚至需要顾客亲自动手帮忙。之后，我决心认真学习一切有关葡萄酒的知识和技能。”于是，卢瓦展开了葡萄酒的学习之旅。

当时，卢瓦获得了一个参观宾馆酒窖的机会，他为之雀跃。卢瓦接触到了酿酒师约翰和酒庄主人赫曼。

“我问了许多‘愚蠢’的问题，约翰和赫曼都细心地一一解答。”

随着一段时间的自我训练，卢瓦的嗅觉已相当敏锐，对于不同种类和级别的葡萄酒已经能够准确辨识了。然而，导师认为卢瓦尚缺乏动人的语言来向顾客传达红酒的内在气质。

“我努力地阅读大量书籍，以丰富自己的语言。”卢瓦一边工作一边学习。不久，宾馆的酒吧需要一位侍酒师，卢瓦成功地应聘到了这个职位。

尽管卢瓦起初的职位不高，但是他开始积极尝试在重要的品酒活动中崭露头角。在很多时候，他取下瓶塞，观色、闻香、品尝，其他人都在点头称赞，“不错，好酒！”卢瓦却觉得此酒品质并非上乘，他会诚实地说出自己的感受——“色泽暗淡，口感沉滞、缺乏层次感”——他的观点完全正确。

宾馆管理层对卢瓦精准独到的见解颇为赏识，为他提供了更能够发挥其个人才华的职位。

几年后，卢瓦参加了法国国际美食协会举办的青年侍酒师精英赛，获得了南非总冠军，并前往维也纳参加总决赛，最终取得了全球第四的佳绩。当时，他只有 25 岁。

让我们来认真分析一下卢瓦在短短 4 年之内的成功之路。他是如何让自己做到这一切的。

- **第一步：卢瓦把问题作为动力。**当他不知道该如何打开酒瓶瓶塞的时候，他感到非常尴尬，但是他并没有沮丧，而是立即决定好好学习关于红酒的一切。我很好奇大多数人在遇到类似状况时会如何应对。也许他们会立刻意识到开红酒并不是自己的强项，自此以后都尽量避免为客人开红酒的状况。
- **第二步：卢瓦敢于提出“愚蠢的问题”。**我非常欣赏他的提问，其中主要有两个原因：首先，他有胆量提出问题。大家心里一定也有不少“愚蠢的问题”，有多少是你能够大胆提出的？恐怕大部分人都会因为担心面子问题而不敢示人。其次，卢瓦有两位愿意回答这些愚蠢问题的导师。实际上，你在任何地方都能遇到愿意倾听与回答的好心人。
- **第三步：卢瓦努力苦练自身的本领。**能够练就敏锐的品酒嗅觉并非一蹴而就，它需要日积月累地学习和训练。在总决赛前，卢瓦花费了数周时间，品尝了百余种红酒，了解它们各自的渊源，为比赛做好全面准备。

- **第四步：正面接纳批评，并进行改进。**如果你的品酒技能已经无可挑剔，却有人对你的品酒词汇吹毛求疵，你会作何感想？卢瓦并没有因此而产生任何负面情绪，而是快速地转换思维，转换一切为正能量；并且开始提高语言水平，拓展品评红酒的词汇。
- **第五步：敢于冒险。**在那次品酒大会上，当所有人都人云亦云地称赞“好酒”时，卢瓦却能够坚持自己的主见。作为一个品酒新人，在众多“专家”面前敢于标新立异，确实非常考验一个人的胆识。
- **第六步：周遭环境滋养并推动了卢瓦的成长。**卢瓦周围的人愿意帮助和支持他达成目标。积极的环境因素，的确可以加速一个人的成功。
- **第七步：卢瓦时刻准备着迎接挑战。**参与竞赛，时刻准备被别人指教和批评，这需要勇于接受挑战的精神。有挑战才能有收获。

这世界上有许多类似卢瓦的励志故事，我很喜欢阅读这样的故事，并从中获得动力。卢瓦的故事向我们展示了一个人如何把握与开启机遇之门。但在此过程中，难免会遇到绊脚石，比如“自我怀疑”就具有极强的杀伤力。如果遭遇“自我怀疑”，你会怎么办？

“自我怀疑”是绊脚石

“自我怀疑”常常让人们在迈向成功的路上半途而废，或者尚未出发就自我放弃。“这样美好的未来愿景，我根本就无法实现，为什么现在还要花时间规划？”人们并非生来就会自我怀疑，你一定很奇怪这么多的自我否定都是从哪里学来的？

我曾在格拉斯哥的一所小学进行“目标设定”的培训。当时，我观摩过一位老师的课。一个女生希望自己未来可以成为空姐，她明确地写出了这个目标，并且还附上了一张自己身着空姐制服的手绘图。学生为自己的目标感到兴奋不已。

结果，老师的评语却让我大跌眼镜。她是这样说的：“这个目标不错，但是我觉得你应当有一个更切合实际的目标。”

我仿佛听到“砰”的一声，女生的梦想因老师的评语而破碎，“怀疑”这块绊脚石重重砸落在她面前。课后我问那位教师为何不鼓励孩子向着自己的理想进军，她的回答更是让我瞠目结舌。她说：“有目标是好的，但是如果目标无法实现，孩子们会多么失望啊！”

听到这样的话，你难道不想有一天可以穿上空姐制服，在 8000 米的高空向这位老师证明她是错的，而你是正确的吗？

反向思考的智慧

任何时候都不要让“自我怀疑”这块绊脚石有机可乘。不要听信别人对你的负面评价。如果你决定获得成功，世界上就只有你才能决定自己到底会走多远，也只有你有权力告诉世人自己可以飞多高。

认知44 丢掉浑浑噩噩，确立目标

你是否感觉对未来充满期待和必胜的斗志？是的，尽管我们尚未确定未来的目标，但是已经充满了正能量。

我很惊讶地发现，许多人对于未来没有计划，更有一些人虽然有所谓的计划，却不清楚自己在未来到底想要什么。

如果不清楚自己想要什么，就无法获得美好的未来。

也许下面这个明确的愿望列表可以启发你对于未来目标的思考。

未来目标启动器		
保持活力与健康	购买新车	周末去旅游
清偿债务	学习一种新语言	认真体验人生
减重	找到伴侣	跑马拉松（或者一般路程也好）
写书	学习烹饪	
重塑花园景观	买新衣服	花更多时间与朋友相聚
为公司建立分支机构	找新工作	开始创业
多做公益	自驾游	为自己留出更多时间
学习冲浪	戒烟	学跳拉丁舞
还清贷款	提前退休	知道自己下一个目标

- 报名提升课程、自我充电
- 增加阅读量
- 建立自信
- 尝试滑水
- 去最好的餐厅吃饭
- 让生活井井有条
- 让生活更简单
- 体验乡村生活
- 露营、感受大自然
- 去做义工
- 参加游轮旅行

这里有 39 个点子，希望能启发各位读者的想象。我可以写出成百上千个目标，但那毕竟是我的清单，而不是你自己的。现在，你就可以着手记录未来的目标，但是要来一点儿不同的方法。

认知45 不能达成目标的“代价”

通常来说，我们在自己所列举的目标后面都要写下达成目标所能带来的益处。现在我们来共同实践，请在目标后面注明不能达成目标会产生的危害与代价。

还清贷款	如果无法完成，我将永远被银行贷款绑住，无法体验拥有房屋产权的滋味
多做阅读	我明白读书会让人更加智慧，想象一下不读书我会变得多么面目可憎
戒烟	如果不彻底戒掉，我会被各种病痛折磨致死，这对我的家人和朋友是多大的煎熬

天啊！如果不能达成目标，后果就会如此严重！

明确地写出不良后果，你就会拥有更强劲的动力去实现目标。

减轻痛苦和代价可能会耗费更多精力，因此还不如努力达成目标，从而获得快乐。

认知46 加个时限，让美好成为现实

一旦你已通过以上方法开启了驶向彼岸的航船，就可以把不实现目标的代价改写成实现目标的美好愿景。利用逃避伤痛的本能来激励自己开始行动就够了，绝不能让痛苦与代价不断地在眼前重复。

美好未来的实现，可以是几个星期，也可以长达数十年，但是你需要在制定目标时就明确规定目标实现的时间。毕竟，没有时限的目标只不过是空想而已。

当然，仅仅制定目标是不够的。你必须让自己付诸行动，忙碌起来，让美好的未来成为现实！

让我们来进行一些假设，从而使你的技巧进阶。

- 你已经决定了自己想要什么；
- 你已经记录了未来的目标，并规定了具体的完成时间；
- 你已经考虑过不能实现目标的危害，并因此而备受激励；
- 你已经行动起来；
- 你已经把不能实现目标的危害改写成了实现目标的愿景；

- 你已经遵循制定目标的基本原则，经常重温目标，在头脑中想象已经梦想成真的自己，进行正向的自我暗示。

如果以上步骤你都已完成，那么你就可以进入下一阶段。

认知 47

每份负能量中都蕴藏着更为强大的正能量

如果人生一帆风顺，没有艰难险阻，那是多么美好啊！不过，那样的人生只能是无聊、乏味、缺少激情的。

克服障碍的能力决定了你达成目标的速度和成功与否。目标越大，障碍也就越大。

善于为未来努力的人喜欢障碍，因为一旦解决了障碍与问题，自己的知识和能力就会随之丰富，也就更加靠近成功的彼岸。前面章节，我教会了大家使用一个工具“铲除绊脚石”。这个方法可以让大家轻松地把问题转换为解决方案。一旦你掌握了这种思维方式的核心，你就会发现问题和障碍其实是上天的恩赐。

你一定知道牛顿第三定律——对于物体，有力就会产生相等的反作用力。现在我把它改写成“赫氏反向思考定律”：

在每份负能量之中，都蕴藏着更为强大的正能量，正时刻等待爆发。

我们的任务就是找到那份潜在的正能量。

反向思考的智慧

出现问题是一件好事，问题越大越好。问题统统来吧！

习惯了这样的思维方式后，你的心境就会变得更加开阔，更加愿意迎接挑战，更容易在困境中找到更多的解决方案。

许多人因为拥有这样的思考模式而取得了巨大的成就。最著名的例子是尼尔森·曼德拉，在长达 27 年的牢狱生活后，仍能够积极地面对世界，运用他的雄才与经验，带领一个国家走向自由与平等。

在监牢生活 27 年后，不知你我会有怎样的心态。曼德拉在其政治生涯中曾获得 100 多个奖项的认可，其中包括 1993 年的诺贝尔和平奖。

为精彩的未来努力，我们需要迎接挑战，看到问题背后潜藏的玄机。有时，这些障碍看起来强大而顽固，你不知该如何跨越它们。但是，相信你的确可以战胜这一切。你可以慢慢地水滴石穿，也可以一鼓作气地爆发。这里我鼓励大家选择一鼓作气，因为付出巨大的努力，就会产生巨大的收获。这是屡试不爽的一条规律。

反向思考的智慧

有志者事竟成。

我相信每位读者都值得拥有一个精彩的未来，充满成功、财富、认可、健康、机遇、爱与欢笑。有时，这个未来看起来有点儿遥远，但是我要告诉大家，美好的愿景指日可待，只需要你再多努力一点就好。只要你从现在开始付出时间和精力，你就一定能够得偿所愿。

第 10 章

反向思考者：每一天都是好的

快把“注定一天都不顺”的程序删除，立刻！马上！

我是个天性乐观的人，喜欢正面地去看待一切事物。有趣的是，每次我做讲座前都会被听众问：“你一直都这么积极乐观吗？”或者“你就没有心情不好的时候吗？”

其实，我也会遇到糟糕的一天，心情欠佳。人人都会如此。但是，我会尽量缩短心情不好的时间，不让糟糕的事情影响我一整天。

本章将会告诉大家如何处理糟糕的一天，当你感到不顺利、情绪低落，或者陷入百般挣扎困境时，应当如何丢弃糟糕的情绪，进行快速调适。

当真正糟糕的一天来临时，我们会拿起这本书进行阅读和钻研的概率恐怕微乎其微。因此，我们现在就该阅读本章，防患于未然。

本章将一天的时间进行了细分，从晨起的那一刻一直讲到夜晚就寝；其中会出现一些简单的方法，用以测试大家运用“反向思考”理念的能力。现在，我们就从清晨醒来开始说起。

认知 48 从睡梦中苏醒

起床时你是否会感到精神振作、充满活力？是否不需要闹钟，只要时间一到就会自然醒来？或者每天清晨都会由闹钟刺耳的铃声把你从美梦中惊醒？

大多数读者都会选择后者，本节内容恰好适合你们。首先我们不去讨论清晨苏醒的问题，而是从夜晚入睡开始入手。我们早上不想起床的原因，多数是因为晚上没有以正确的方式入睡，造成睡眠质量差，或者睡眠不足。我教给大家的方法不会立竿见影，但是可以保证，只要你现在开始改变睡眠不足的状况，这个方法就可以帮助你逐步改善，一天比一天成效显著。

1. 提早 1 小时就寝。夜里 11 点之前的 1 小时睡眠相当于早上 7 点之后的 3 小时。
2. 夜间尽量避免接触刺激神经兴奋的事物，比如茶、咖啡、电视，等等。
3. 保证睡眠中不会被打扰。关闭手机，或者转为振动，不要把手机放在床头。

4. 如果很忙，你可以写下明天要做的最重要的五件事。写在纸上，可以帮助你减少脑力和心理的压力，也可以让你更好地进行时间管理。
5. 准备入睡时，让自己舒适地躺在床上，告诉自己身体的每个部分都在渐渐放松下来，这样有助于你进入深度睡眠。请跟我这样做：集中注意力在自己的头部，感到头部开始放松时，默默对自己说："我正在进入放松的深度睡眠，我正在进入放松的深度睡眠。"然后把注意力放在额头上感受这个部位的放松，并轻柔地告诉自己即将入睡。接下来，是面部、颈部、肩膀、手臂、双手、上身、大腿、小腿、脚跟、脚掌、脚趾，感受整个身心充满着松弛祥和的能量。
6. 起夜后可以回到床上，闭上双眼，重复上面所讲的放松身体各部分的方式。

坚持这样做，你就会拥有更好的睡眠质量，而且会在早上醒来时感到精神抖擞、心情愉悦，整天都处于精力充沛的状态，预防不良状态的发生。

丢掉赖床念头，为美好的一天整装待发

对于很多人来说，清晨从床上爬起来都是一个巨大的挑战。被窝里温暖舒适，使我们总是还想再睡一会儿。当闹钟响起时，我们不要急着去把它关掉，而是对自己说："起床，准备出发，__________________。"这个空白处可以添加能给你真正动力的事物——比如，变得更有钱，要更开心，要生活更美好——我们可以充分发挥自己的想象力。让它成为专属于我们个人的起床口号。我们要对着自己说，也要大声对这个美好的清晨说。

一日之计在于晨。清晨对于全天的状态至关重要。

好的，现在我们已经起床。请利用洗澡的时间，再次告诉自己将拥有美好的一天。有人会明确地对自己说："我已经开始精彩的一天，好事即将降临。"也有人会集中精力进行积极的自我对话。无论我们采用什么方式，关键是能够掌控自己的意念和想法，否则外界的负能量就会乘虚而入。

现在，我们已经在上班的路上了。对于许多人来说，糟糕的事情总会发生在通勤途中。“我就知道今天不顺，34 号路口大塞车，让我足足耽误了 25 分钟！”凯萝正在不停地抱怨。可是她每天都会经过这个路口，经常会在这里耽误一些时间，为什么还要大惊小怪呢？很简单，这种状态恐怕已经成为一种习惯。我们不会注意到自己能够乘车上班，不用风吹雨淋，已经很舒适了；而是偏偏把目光放在那些不如意的事情上，对于负面能量念念不忘。

这种现象的深层次原因是人类都有获得外界注意的本能。人们知道，跟公司的同事讲述自己上班途中的遭遇，别人就会特别注意你。然而，也许当你和同事分享“今天早上的路况简直是噩梦一场”时，自己糟糕的一天就开始了：“在 34 号路口等了 25 分钟才通行，我以为前面修路或者肇事才造成了交通阻塞，结果到前面一看，什么都没有。我简直要崩溃了！”对这句台词，你是否感到非常熟悉？你一定讲过，或者听过。

这时也许会有人对你的遭遇表示同情，因为他们也曾经被堵在那里。然后就会有人跳出来描述他们更为骇人的经历——“你这个根本不算什么！我曾经在 11 号路口被堵了整整两天，那才叫噩梦呢！”接下来，也许会有好心的同事安慰你说：“真不容易啊！喝杯茶，平静一下。一会儿要开财务会议了。”

现在请你“反向思考”：

不要跟大家描述上班途中那些不愉快的部分，丢弃抱怨和糟糕的情绪，只分享快乐的经历。

“我今天早上在车流中一路穿梭，还挺顺利的。你们听说过克里斯·埃文斯（Chris Evans）吧，在《复仇者联盟》（*The Avengers*）中扮演美国队长的演员，演技不错，电影非常好看。”

现在，请接受一个真正的挑战，让我们彻底“反向思考”。我们首先必须克服获取他人注意和同情心的本能，避免跟同事讲述通勤途中的遭遇。不仅如此，在别人与我们分享遭遇的时候，我们还要懂得如何不受负能量的影响。比如，有个同事对你说：“你今天早上没遇到堵车吗？我在 34 号路口那里都快失去耐性了，简直就像噩梦一样。”这时，你可以这样应对：“没错，那一段路的确有点儿通行困难。但是车载的影音设备里播放着有声小说，我正好听到了一段还不错的内容。所以就没觉得堵车那么严重。”

反向思考的智慧

对于如何表达自己的情绪，我们是可以控制的，因此要尽量好好控制。

认知
50

丢掉向家人大吐苦水的行为，享受回家的美好时光

无论你是在工作或者求学，回家可能都是一天中最幸福的时刻。如果学业或事业让你抓狂，你一定想让身边的人也知道吧。刚刚经历过一天的煎熬，你一定很想飞奔回家，跟你最爱的人诉苦。即便你的家人一天工作顺利、心情愉快，但还是要陪着你唉声叹气。渴望获得同情和安抚可能是人的本性，但是这能带来什么好处吗？事实上，很多人在抱怨和发脾气后都会让自己心情平复。因此，我们鼓励大家把心事讲出来。你可以彻底抱怨一番，然后整理思绪，转换心境。

60 秒钟大爆发

不要对自己的遭遇喋喋不休，而是找一个愿意聆听的听众，最好是非常亲近的人，听我们来一个 60 秒的爆发。打开计时器，尽情释放我们的负面情绪。在这 60 秒内，我们可以尽量把自己的埋怨和牢骚一吐为快。时间只有 60 秒而已。

你会发现两个很有意思的问题：第一，我们很难在整整 60 秒内连续不断地抱怨和发牢骚；第二，一旦这些负面情绪在有控制的方式下发泄出来，我们就会觉得精神舒爽，更容易回归积极的轨道。

认知51 逐渐抛下不顺遂，成为“未来家”

当我们遭遇不顺遂时，我们可以站在未来的角度看待当下的问题。问自己：“一天之后，我对这个问题会怎么看？”如果我们感觉自己明天依然无法释怀，那就接着问：“一周后，我还会有相同的心情吗？”如果肯定自己没那么快忘记不愉快的经历，请接着问：“一个月后呢？”“一年后呢？”……时间是疗愈伤痛的良药。让自己在当下就想象未来的感受，可以帮助我们尽快卸下心理重担。

认知52 远离“负螺旋”，进入“正螺旋”轨道

我一直都在辅导人们如何在测验中取得好成绩，我已经从事这项工作15年了。每次辅导，每期学员都会提相同的一个问题：当他们遇到自己不理解或者做错的题目时，就会纠缠其中，不能自拔。这样做只会使他们忽略真正的重点，产生不必要的焦虑；从而使其在考试中产生更多的错误和更严重的焦虑。我称这种现象为“负螺旋”。我们一旦进入负螺旋轨道，自身状态就会一路下滑。现在请反向思考，甩掉这种焦虑，看看与之相反的情形。想象考卷在你面前，你知道前两道题的答案。这就证明了你的复习是有效的。第一部分的题目回答得很顺利。现在，你的心情如何？很好。恭喜你，你已经进入了“正螺旋”轨道，一切都会越来越好。

人处于正螺旋和负螺旋的状态时，大脑会释放不同的化学物质。之所以称之为“螺旋”，是因为人一旦进入某种模式，就很难停止，行为和情绪都会受到相应的影响。如果我们不采取行动来干涉，就会一直向上或者向下前进。

意识到自己正处于负螺旋时，请尽快进行拦截。相反，假如在正螺旋中，就请你保持全速前进。

我们有很多办法可以阻断负螺旋，以下是一些提示。

- 站起来，走一走。
- 没有理由，也要微笑。
- 找到我们身边最积极乐观的人，与他们交谈。
- 随身携带本书，有空时就翻看几页。
- 在 YouTube 上看一段搞笑视频。
- 记得我们做的事情可以让他人受益。

这些方法都可以阻止我们坠入负螺旋的深渊。另外，这里还有一个方法可以保证我们跳出向下的轨道，重新感到力量与活力。

认知
53

感恩清单

这是一个极其经典的方法，可以让我们学会“反向思考”，释放出追求正向的渴望。无论我们今天的心情如何，都可以用这个清单作为圆满的句点。我们太容易被负面情绪俘虏，太容易纠结于令人不快的事物。如果我们正在被负能量折磨，那么就请拿出纸笔，花 5 分钟时间记录一下令自己感恩的人、事、物。标题是“我的感恩”。只要是自己想要感谢的，无论大小，都可以写出来。以下有 50 项内容，希望对大家有所启发。

我的感恩	
我还活着	总是有拥抱
家里还有吃的	上班有钱赚
家人很爱我	排水管修好了
可以泡个热水澡	我是自由的
我有另一半	有美好的音乐
有吐司可以吃	有时可以睡懒觉
身边到处都是可爱的动物	我有工作
可以去逛逛附近的商店	好事还在后面

我能看见这个世界
我可以忘记过去，重新起航
我那些有趣的朋友
新煮的咖啡
现在是我以后人生的开端
我可以行走
我可以品尝美酒
我的教育背景良好
我可以决定自己的未来
口袋里有钱
我会开车
我的身材不错
今天是晴天
我有电视
我可以大笑，可以自嘲
我可以自由选择
周末了
我很健康
想要改变的机会在我这里
我可以微笑
可以休假一天
我没有假牙
我有车
我能听见声音
我的狗很爱我
下午可以品尝香浓的一杯茶
大自然真奇妙
健身之后的感觉真好
我选衣服很有品位
我喜欢阅读
家里的水很干净
我的床干净、温暖又舒服

写完清单后，请回头重新阅读每一条，一边读一边默念：“我感激……”并且认真体会这些事情对生活的正面意义。

方法简单而神奇，只要如此，我们就可以变“失望”为“希望”。

在糟糕的一天尚未到来时，我们就可以练习，把本章的技巧付诸实践。练习得越多，我们就越能更好地增强正能量。这就如同赛跑选手的训练，大量的赛前实践，可以让我们在比赛枪声响起时取得优异的成绩。多多实践这些方法，我们就可以减少遭遇“糟糕的一天”的机会。

至此，我们已经差不多完成了整个反向思考教程，但是还有一些细节需要提醒大家。因此，我们会在本书最后一章叮咛各位读者。

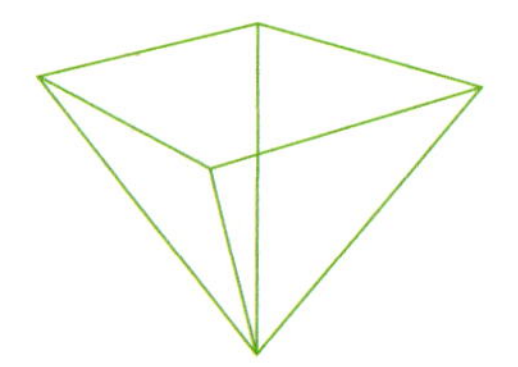

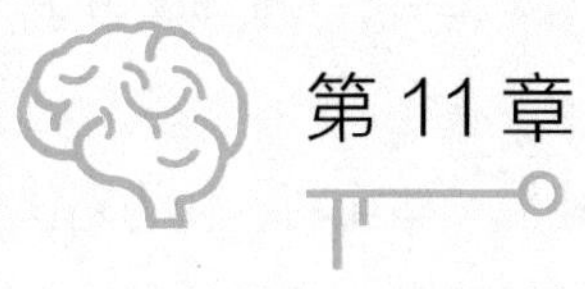

第 11 章

那些有关反向思考的小事

快让“反向思考”理念融入你生活的每个角落，重获自由！

亲爱的读者，如果大家已经熟悉了“反向思考”的技巧，请一定要写出一些反向思考的点子，那才是适合我们个人的反向思考模式。

在本章中，我将会快速点拨大家其他一些技巧，作为对上文内容的补充。由于这些技巧并不适用于以往章节所提到的情境，因此我把这些零星的方法汇总在这一章。

如果你喜欢阅读前面的章节，喜欢各章的内容依照连贯的逻辑进行，那么在阅读本章时就需要发挥“反向思考”技巧，丢弃常规，让自己体会一下内容跳跃的快乐。

跟之前一样，我希望读者能够找到最适合自己的方法，并坚持执行。本章内容会有某些超越极限的部分，是为了鼓励读者尝试跨越界限、打破陈规，收获意外的惊喜。

“怀抱希望”是人生的策略——丢掉过于现实的生存理念

几年前，我曾读过一本书《人生的策略不是“怀抱希望”》（*Hope is Not a Strategy*），作者是里克·佩基（Rick Page）。最近，我越发感到这本书的谬误之处。因为“怀抱希望”的确是幸福人生的最重要策略。

“让希望之光赋予世界欢乐。”这句话简单而震撼。是的，让希望之光赋予世界欢乐。

我们会有不同层级的“希望”：从期待雨停或者有停车位这样的微观希望，到为世界祈福的宏观希望。

希望让你不断前行。

希望让人战胜一切失败。

希望让世界充满欢乐。

你的希望是什么？

过去我曾经认为只怀抱希望是不行的，我会鼓励学员采取行动，才能收获快乐。今天的我却觉得“希望”与“行动”同等重要。

全家旅行归来，我们在车上分享了自己的希望。“我希望明天的考试容易一些！”“我希望房子后面的花园赶快完工！”“我希望业务评估能顺利进行。”“我希望自己可以是个出色的老爸！”……这只是我们愿望清单的一小部分。

分享希望会让我们更加快乐。希望之光赋予世界欢乐。

失而复得——丢掉杂念与慌张

这个寻找失物的方法带有一点儿神秘学的成分，是“反向思考”技巧在全新层面的运用。我曾经尝试过，非常有效。

你一定经历过丢失东西后的焦虑与恐慌。你一定会不停地回想，自己到底把东西放在了什么地方，然后疯狂地在同一个地方寻找，傻傻地期待它会奇迹般地出现。

我曾经丢过一份非常重要的文件。正当我在家里慌乱地到处寻找时，一位朋友建议我试试她的新方法。当时我觉得她的方法过于诡异疯狂，不过转念一想，还是决定尝试一下。

朋友取下自己的项链，放在了我的左手掌心。我必须提着项链，不停地对它说：“给我 yes，给我 yes……”直到它有所反应，这时候项链会左右移动起来。

然后，不断对项链说：“给我 no，给我 no……”直到它有所反应，此时项链会上下移动。

这样，我就有了一条会给出“是 / 否”答案的项链。朋友告诉我，它可以帮我找到那份文件，只要对它提问就可以。我清楚地记得，自己是这样问的：

文件在家里吗？	否
在办公室吗？	是
在办公桌附近吗？	是
在办公桌上面吗？	否
在办公桌的抽屉里吗？	是
在最上面的抽屉里吗？	否
在中间的抽屉里吗？	是
很容易就能看见文件吗？	否
有其他东西盖住文件了吗？	是

第二天早上，我兴奋地走进办公室，打开办公桌中间一格的抽屉，拿出一沓东西，在一本杂志中间，我终于找到了那份重要的文件。一瞬间，我回想起了一切：我出差时带着文件，旅行途中阅读了一本杂志，把文件夹在杂志中间，装在行李箱里带了回来，到办公室后就随手把箱子里的东西全部放进了中间的抽屉。

我的理智告诉我，找到文件并不是项链的功劳。一条普通的项链怎么可能会有这种神力。然而，如果你能放弃平常更为现实的想法，从另一个角度审视寻找的过程，你就会发现其中的合理之处。

项链的移动是因为手轻微地移动而形成的。你稍有晃动，项链就会随之摆动，你的手也会不自觉地随之移动。

实际上，这种行为的驱动者是大脑，我的大脑仍然模糊地记得文件的所在。

请您谨记，记忆力是完美的；你唤回记忆的能力更加完美。

项链只不过是联结我的记忆与身体动作的渠道。

这听起来不可思议，但是我希望大家都能有机会尝试一下。

认知
56 大清扫

请问你是不是喜欢囤积物品？是不是喜欢留着这样或那样的旧东西，总觉得以后会派上用场？

如果让你从囤积者变身为一个清扫者，你一定会觉得很可怕，是不是？很好！

扔掉旧东西，你会释放更多的能量，创造更多的空间，为自己提供更松弛的心境，还可以让你的思维更加清晰，更有创造力。

成为清扫者最难的是第一步。多年来，你可能已经习惯把物品留存起来，突然间让你清理掉那些“以备后患”的东西，你一定会感到痛苦万分。因此，你需要“反向思考”，并且是大规模的“反向思考”。

这些旧东西，10 个大垃圾袋是否能装得下？要不然用 20 个？或者干脆租用一个工地装废料的大桶？我的朋友安就是这么做的。她的旧东西的确装满了整个废料桶！她对我说：“一旦突破了‘舍不得’这一关后，我就会开始觉得不断把东西扔进废料桶是一件特别开心的事情。”她还把几大袋的东西捐给了慈善机构。“既然清理旧物是既定目标，那我就一定要完成。”

你一定听人说过，他们在阁楼里发现了一件精美的古董，多亏几年前没有把它扔掉。但是请你不要忘记，古董这类物品在于它的稀有，正所谓物以稀为贵。对于大部分我们留存的物品来说，这个故事并不适用。对于自己不需要、不必要的物品，还是尽早丢弃为妙。

既然我们要学会当清扫者，那么就请看看自己的衣橱是不是快要塞不下了？里面一定有不少你从不穿、将来也不会穿的衣服。我有一个朋友，每次购物，她都“不”买任何衣服。她总是对自己说：“别买，家里有相同款式。”“放回去，家里没地方挂了！”如果你有上述症状，接下来我就介绍一个整理衣柜的妙招。

每当你穿过一件衣服，就把它挂在衣柜的右侧。一两个月过后，请从衣柜左侧开始，拿出 2/3 的衣服。这些衣服都是你平时不会穿的，应该整理一下，捐出去、在网上卖二手货、送给朋友，或者索性丢弃。不要再把它们挂进衣橱，除非你有什么不得已的理由。

其实，我们有 90% 的时间里都是穿着那 10% 的衣服。衣柜里的大部分都是不会去穿的衣服，所以需要一个彻底清理。

最近我在辅导一对夫妇。他们准备销售服装，正在寻找有效的销售手段。经过一番的碰撞，我们想出了一个主意：举办一场聚会，请大家穿着自己最不喜欢的衣服，试穿别人的衣服。在购买新衣的同时，享受换装的乐趣。活动的名字也是个亮点，叫作“交换衣橱”！

不要因为流行风潮会循环回来，就不肯丢弃旧衣服。一个流行款式至少要 20 多年才会成为经典复古风。别以减肥为借口来保留小一号的衣服，扔掉，换掉或卖掉。你可以在减肥成功后，买到更合身的衣服。

反向思考，抛下执念，重获自由人生！

每天大家都会遇到许多需要抉择的时刻，你可以依照过往的习惯进行选择，也可以尝试刚刚学到的“反向思考”技巧，抛下无用的、冗繁的才能收获新鲜的、有益的。下一次，当你感到无聊、愤怒、沮丧、不开心的时候，你就面临一个选择。不妨问问自己：“此时此刻，我是否可以甩掉负能量，以改变现状？”如果你已经有了答案，那就大胆去做吧！

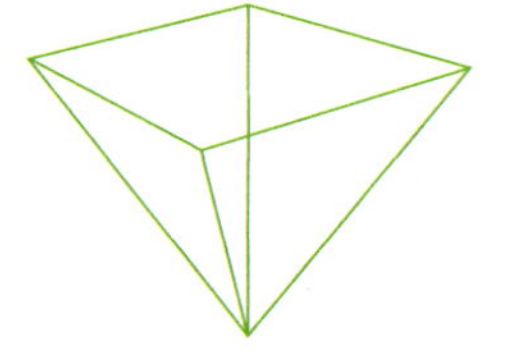

作者的嘱托

非常感谢大家购买并阅读了本书。“反向思考”曾是我在演讲和培训时常用的字眼，现在成了一本好书的核心理念。在结尾处，我想跟大家分享一则小故事，希望大家能提出自己的想法。

我有个朋友叫凯尔。他是我见过最积极乐观的一个人。他每天都会用电邮发送给我一则故事，一个好点子，或者发人深省的名言。不久前，他发来了一个故事，在我家引发了一场激烈的讨论。

故事是这样的：

从前，有一个双目失明的女孩子。她恨自己、恨世界，因为她看不到光明。她痛恨所有人，除了她的男朋友之外，因为男孩子总会守在她身边。

女孩子对男孩子说：“如果我能看得见，我一定会嫁给你。”

终于有一天，有人愿意捐献眼角膜给女孩子了。女孩子做了手术。几个星期后，拆下了绷带，她看到了整个世界，包括她身边的男孩子。

男孩子说："既然你现在能看见了，你愿意嫁给我吗？"

女孩子看着男孩子，发现他是个盲人。他紧闭着的双眼使她非常震惊。她从未想过要和一个盲人生活一辈子。她拒绝跟他结婚。

男孩子带着一颗破碎的心离开了她。几天后，女孩子收到一张字条，写着："亲爱的，好好珍惜你的双眼，因为那曾经是我的双眼。"

读完这个故事，我不禁倒吸了一口凉气。当然，我知道这不是一个真实的故事。接下来，就轮到你来思考这个故事了。这对情侣本可以在多年前就采用某个方式解决他们的困境。大家是否已经想到了这个办法呢？如果你想到了，那么恭喜你，你已经成为一个名副其实的转换思维高手了。

你现在可以去好好庆祝一下了。把你的答案写成邮件告诉我，作为奖励，我会赠送给你更多的反向思考的绝招（其中一些过于大胆，不适合写在书中）。

结语

本书介绍了上百种的“反向思考”技巧，可以在各个领域助大家一臂之力。但是，这些只不过是反向思考理念应用的冰山一角。有更多的“反向思考”技巧未被收录在本书之中，还有更多我尚不知晓的妙方，正在读者们智慧的头脑中酝酿。也许我们可以彼此分享并扩展共同的“反向思考”宝库。在你允许的前提下，我们可能会在未来的书中，或者我们的网站上分享这些巧思。

行动起来

知易行难。学习了“反向思考”的技巧，不妨立即测试自己的应用能力。将“反向思考”理念融入你的行为、你的习惯和你的生活之中，你会看到奇妙的效果，前提当然是要行动起来。

写书最困难的，莫过于结尾。是否应该带点儿戏剧性？或者升华一下？或者增添神秘感？我知道许多作家都会花好几天的时间来为自己的书做结尾。而我，现在就用上一点儿“反向思考”的精神——在这里，朴实无华地结束本书的内容。

版权声明

著作权合同登记号　图字：01-2013-2644号